电子政务与社会信用体系建设

刘焕成　著

黄河水利出版社
·郑州·

内 容 提 要

我国电子政务建设取得了巨大成就，而电子政务的重要领域之一，就是利用电子政务的成果，把分散在各地区、各部门的个人信用与企业信用信息资源连在一起，真正实现共享，提高信用信息资源的利用效率。本书以电子政务为基础，探讨了电子政务与社会信用体系的互动关系、基于电子政务信息资源共享的社会信用体系的模式选择、以电子政务信息资源共享为基础构建社会信用体系、信用信息档案建设、社会信用体系建设的典型案例等问题，最后对电子政务、电子商务与社会信用体系的关系，我国社会信用体系建设的现状、存在问题及对策进行了分析。

本书可供经济类、管理类专业的高校师生以及相关企业管理人员和工作人员、信用工作者、电子政务工作者等人员阅读。

图书在版编目(CIP)数据

电子政务与社会信用体系建设/刘焕成著. —郑州：黄河水利出版社，2011. 1

ISBN 978 - 7 - 80734 - 988 - 4

Ⅰ. ①电…　Ⅱ. ①刘…　Ⅲ. ①电子政务 - 研究 - 中国②信用 - 建设 - 研究 - 中国　Ⅳ. ①D630. 1 - 39 ②F832. 4

中国版本图书馆 CIP 数据核字(2011)第 012855 号

出 版 社：黄河水利出版社

地址：河南省郑州市顺河路黄委会综合楼14层　　邮政编码：450003

发行单位：黄河水利出版社

发行部电话：0371 - 66026940、66020550、66028024、66022620(传真)

E-mail: hhslcbs@126. com

承印单位：河南地质彩色印刷厂

开本：890 mm×1 240 mm　1/32

印张：6.5

字数：185 千字　　印数：1—1 500

版次：2011 年 1 月第 1 版　　印次：2011 年 1 月第 1 次印刷

定价：20. 00 元

前 言

中华民族有五千年文明史，创造了举世瞩目、独一无二的灿烂文化。除中国之外，其他三大文明古国，只留下了一些历史遗迹，而消失在人类历史的长河中，只有中国文明和文化一直延续到现在，至今仍深深影响着中国和其他国家。在中国文明社会发展过程中，形成了高尚的道德准则、完整的礼仪规范，被世人称为“文明古国，礼仪之邦”，整个东亚及东南亚文化的精华均传承于华夏文明。诚信文明是华夏五千年文化的重要组成部分，古代讲究与人为善，就是与人相处，为善当先，而这个“善”，应是出自内心的诚意，是诚于中而形于外，而不是巧言令色。诚信是中国人为人、做事、从政、经商等的基本行为准则。孔子曰：“民无信不立。”孟子也说：“诚者，天之道也；思诚者，人之道也。”过去，中国人说话做事讲究“一诺千金”，或者说“一言既出，驷马难追”。这些都说明，做人做事要以信义为本，这也是中国古代文明最核心的价值体系之一。

然而，这种朴素的从道德层面上要求人们诚实守信的文化，在市场经济的冲击之下，发生了根本性的颠覆。在经济利益的诱惑下，许多人见利忘义，一些政府、企业、个人的不守信行为屡屡发生，令世人触目惊心：一些政府部门弄虚作假，强行违约，强行拆迁，随意许诺，盲目干预，政策朝令夕改，赖账不还，管理失职，地方保护主义盛行；一些企业不信守合同、贷款或货款诈骗、偷税漏税、非法交易、恶意侵权；一些个人制假贩假、逃避债务、制作假证、坑蒙拐骗、考试作弊等。在消费领域，虚假广告满天飞，各种假证件和假文凭到处泛滥，等等。造成这种现象的一个重要原因，就是我国社会缺乏一整套与市场经济相适应的现代社会信用体系。信用混乱和信用体系滞后，已经成为我国市场经济发展的严重障碍，信用体系缺失每年使国家蒙受巨大的经济损失。在这种形势下，政府、企业、理论界、社会组织等都认识到，政府要采取措施，整肃信用秩序，建立完善的社会信用体系，为创造诚实守信的市场环境提供强有力的支持。

世界上一些发达国家如美国、法国、德国、日本等，从社会信用体系建立发展到今天，经历了100多年，已成为完善的适应市场经济的现代社会信用体系。显然，我国要借鉴欧美模式建立我国的信用体系，不现实，也不可能。因为我国经济社会对社会信用体系的迫切需要，显然不可能让我们花费那么多时间来慢慢建立适合中国国情的社会信用体系，时不我待，急需我们寻找一个有效的途径在短时间内建立起中国特色的信用体系。

近10多年来，我国快速发展的电子政务及其广泛的应用，为快速建立一个相对完善的信用体系提供了有利条件，与此同时，社会信用体系的建立，也会促进提升电子政务的应用水平和效率。为了对电子政务与社会信用体系的关系进行深入、系统的研究，特撰写此书，以期能对电子政务与社会信用体系的更深入研究奠定一些基础。

本书以电子政务信息资源共享为主线，首先，对世界上主要的三种征信模式进行了深入分析，提出了适宜我国的征信模式；其次，对以电子政务为基础的社会信用体系进行了阐述，从信用信息共享平台、信用信息管理过程、信用体系保障机制、信用体系环境建设四个方面进行了深入而详细的分析；再次，信用信息档案是信用体系的关键基础，对信用信息档案建设概况、存在的问题、加快开发利用的策略进行了研究；最后，深入浅出地剖析了我国社会信用体系建设的典型案例，对电子政务、电子商务与社会信用体系的关系进行了分析。

本书理论性与实践性、实践性与应用性相结合，笔者创新性地把电子政务信息资源管理的理论应用到社会信用体系建设中，融入了笔者的最新研究成果，对我国社会信用体系建设具有一定的参考作用。

在本书的撰写过程中，温芳芳同学做了大量的工作，在此表示感谢。同时,感谢出版社编校人员的辛勤劳动!

由于笔者水平有限,书中难免存在不妥之处,恳请读者指正。

作　者

2010 年 11 月

目 录

绪　论

市场经济是信用经济，随着我国市场经济的发展，信用问题受到社会各界的广泛关注。中国曾以“五千年文明礼仪之邦”而骄傲，但近几十年来也饱尝失信之苦。近20年来，因为信用缺失（含个人信用缺失和企业信用缺失）而使国家遭受直接和间接的经济损失高达5 855亿元，相当于中国年财政收入的37%，这意味着中国国民生产总值每年因此至少减少2个百分点。每年逃避银行债务造成的直接损失约1 800亿元，合同欺诈造成的损失约55亿元，产品质量低劣或制假售假造成的各种损失约2 000亿元[1]。由于新中国成立以后经历了较长时期的计划经济，经济建设和社会秩序都是由行政命令来约束和规范的，信用体系建设问题一直被忽略。在我国由计划经济向市场经济转型的过程中，信用对市场经济的调控作用凸显，而此时失信问题却已波及各行各业：经济欺诈、偷税漏税、虚假广告、贪污受贿、学术抄袭乃至文凭造假。信用问题已经严重阻碍了我国市场经济的发展和精神文明的建设，也使中国背负着失信的罪名，难以立足于世界。

在2000年召开的全国“两会”上，十多位全国政协委员联名递交“关于建立国家信用体系”的提案。2002年3月5日第九届全国人民代表大会第五次会议上，朱镕基总理在《政府工作报告》中指出：“切实加强社会信用建设，逐步在全社会形成诚信为本、操守为重的良好风尚。加快建立企业、中介机构和个人信用档案，使有不良行为记录者付出代价、名誉扫地，直至绳之以法。”中共十六大提出要“健全现代市场经济的社会信用体系”，中共十六届三中全会进一步明确“按照完善法规、特许经营、商业运作、专业服务的方向，加快建设企业和个人信用服

---

[1] 周汉华．起草《政府信息公开条例》（专家建议稿）的基本考虑[J]．法学研究，2002(6)：75-97.

务体系。建立信用监督和失信惩戒制度”。温家宝总理在2004年银行、证券、保险工作会议上明确强调，要加快全国统一的企业和个人基础数据库建设，抓紧制定有关征信法规，规范社会征信机构业务经营和征信市场管理。

由此我们看到，我国的社会信用体系建设已经受到政府和社会各界的高度重视。但由于起步较晚以及历史欠债太多，我国的社会信用体系建设不仅与发达征信国家存在较大差距，而且在起步之初就面临着重重的困境。西方国家用了100多年才建立起了完善的社会信用体系，而目前，我国市场经济的发展迫切需要相对完善的社会信用体系，根本不允许我国再走英美国家的老路，耗用百余年的时间构建社会信用体系。近20年来，我国电子政务的建设成果恰恰为社会信用体系的建设提供了必要的发展环境和前提条件。电子政务是互联网发展与政府改革相结合的产物，互联网为政府提供了能够更好地为居民和企业服务的平台。电子政务网络的建立，政府管理中信息技术、办公自动化以及网络技术的普遍应用，可以把一定区域乃至全国的行政机关连接在一起，使知识、信息、人力等各种资源真正实现共享，提高信息资源的利用效率，并使行政机关具有更大的开放性，从而打破条块分割、互相封闭的局面。如果信用管理机构、信用中介机构和政府网络相连，那么在全国就形成了一个各种信息资源都能共享的信用网络，就为国家信用体系的建立提供了软硬件保证。

第1章 电子政务与社会信用体系的互动关系

与英美发达国家相比，我国的电子政务建设有两大显著特征：第一，政府是信息的最大生产者、保存者和使用者，我国80%的社会信用信息分散在海关、质检、公安、司法、财政、审计、银行、工商、税务、证券监管、环保等部门❶。第二，我国的社会信用体系建设起步之时，电子政务发展已初具规模，电子政务网络无疑提供了一条最为快捷和低成本的信用信息采集与传递渠道，也提供了一个最为广泛和便捷的信用服务平台。因此，依据我国的现实国情，以电子政务信息资源共享为基础建立社会信用体系具有较高的必要性和可行性，并且能够实现跨越式发展，在短时期内即可组建覆盖全国的个人信用体系，而无须再像英美国家那样经历百余年的渐进式发展。同时，社会信用体系也会成为继几个“金字工程”之后电子政务建设的又一硕果，它不仅能够促进政府各部门实现互联互通和资源共享，而且能够进一步推动我国电子政务的深入和快速发展。因此，社会信用体系与电子政务是相互促进、共同发展的互惠关系，以电子政务信息资源共享为基础建设社会信用体系是一种符合我国现实国情的共赢发展模式。

1.1 电子政务为社会信用体系建设带来良机

自20世纪90年代以来，我国政府一直十分重视电子政务的建设，

---

❶ 电子政府工程服务网．北京电子政务借社会信用体系促信息资源共享[EB/OL]．[2009-03-30]．http://www.dt.gov.cn/dtgov/cn/zwpd/xxhdt/gnxxhdt/gnxxhdtnr/2224/20060307/44429.html.

特别是在“十五”时期，电子政务各项工作有序推进，成效显著，已经基本形成了覆盖全国的网络基础平台，一些重点业务应用系统已经投入使用。《中国信息化发展报告2006》显示：到2005年年底，我国政府网站达到11 995个，县级以上部门网站拥有率达到81.1%；金盾、金关、金水、金审等一批重点业务系统投入使用，并且成效显著；立法、标准化、信息安全等电子政务环境建设工作也稳步展开，为社会信用体系建设提供了软硬件保障。

1.1.1 电子政务为社会信用体系提供网络平台

近年来，我国信息化建设稳步推进，尤其是电子政务发展迅速，网络基础设施建设已经初具规模，初步形成了连接中央、省、市、县四级政府的覆盖全国的电子政务网络，为社会信用体系建设打下了坚实的基础。2009年1月13日，中国互联网络信息中心（CNNIC）在北京发布了《第23次中国互联网络发展状况统计报告》。报告显示，截至2008年年底，我国互联网普及率为22.6%，首次超过21.9%的全球平均水平。同时，我国网民数达到2.98亿人，宽带网民数达到2.7亿人，国家CN域名数达1 357.2万个，三项指标继续稳居世界第一。中国的域名总量达到16 826 198个，较2007年增长了41%，其中gov.cn域名数达45 555个，占域名总数的0.34%[1]。电子政务作为信息化的龙头尤其呈现出强劲的发展势头，“十五”期间国家重点进行了电子政务基础设施建设，北京、上海等地更是提出基于电子政务平台建设数字城市的发展构想。电子政务网络连接政府内外，各个政府部门以及广大企事业单位和社会团体可以通过电子政务网络传递和共享信用信息资源。电子政务为社会信用体系建设提供了一个网络平台，不仅政府部门、企事业单位、信用中介机构等可以通过政务网络加强交流与合作，而且信用信息的采集、加工、传递和查询都可以借助于电子政务网络完成。

---

[1] 中国互联网络信息中心. 第23次中国互联网络发展状况统计报告[R]. 北京：中国互联网络信息中心，2009.

1.1.2 电子政务拓宽了信用信息的采集渠道

在我国，政府是最大的信息生产者、保管者和使用者，掌握着大约80%的社会信息，尤其是信用信息严重分散和屏蔽于工商、公安、税务等政府部门。在政府信息公开之前，政府部门条块分割、各自为政，通常以“保密”等理由拒绝征信机构采集信息，甚至会利用所垄断的信用信息进行权利寻租。征信机构采集信用信息难度大、成本高，而且很难实现较为全面的或者大规模的信息采集，征信机构难以维系其生存，更谈不上发展和壮大。电子政务的实施，可以促使政府机构开放各自业务范围内的信用信息库，通过政府网络形成共享的通道，为信用信息采集提供了可靠的渠道。目前，各机构应该开放的信息为：工商局开放企业注册信息、年检信息、资本构成及变动情况、产品投诉信息、企业领导人团队信息；国税局开放纳税信息和不良信息；地税局开放资产负债表、损益表、所得税纳税表、欠税偷税信息；房管局开放房产信息、房屋产权人信息；人民银行开放开户信息、贷款信息、还债付息的不良信息、个人相关信息；技术监督局开放产品抽检信息；海关开放企业报关纳税、年审、企业违规、海关评级等信息；统计局开放行业统计、企业统计信息；劳动保障部门开放企业和个人社会保障信息；公安局开放个人的基本信息、可以公开的家庭信息、企业和个人的不良信息；抵押质押物登记机关（如公安局、国土局、房管局、工商局等）开放抵押质押信息；商业银行开放企业和个人信贷信息；经委开放行业经济信息、重点企业和行业调整信息；证券公司开放股票投资信息；保险公司开放投保信息；环保局开放企业在环保方面的信息；药品监督部门开放企业药监信息；检验检疫部门开放相关检验检疫信息；公用事业单位开放相关收费信息；消费者协会开放产品投诉信息；街道开放个人的相关信息；单位开放个人的收入等方面信息，等等。电子政务不仅拓宽了信用信息采集渠道，而且使得信息采集更为高效和快捷。

1.1.3 电子政务为社会信用体系提供政策保障

电子政务建设中，我国政府颁布了《中华人民共和国政府信息公开条例》、《中华人民共和国电子签名法》、《信息网络传播权保护条例》等法律规范，为个人信用信息的共享提供了初步的政策保障。特别是2007年我国正式颁布《中华人民共和国政府信息公开条例》（简称《条例》），《条例》要求自2008年5月起各类政府部门必须对其掌握的非保密信息予以公开，公众可以平等、方便地获取各类政府信息，其中包括企业和个人的信用信息。该《条例》的颁布实施将激活海量的政府信息，大量的信用信息向社会开放，政府部门、企事业单位、社会团体和广大公众可以平等地获取和使用。这样一来，征信机构可以以极低的成本，通过公开和正常的渠道取得可公开的政务信息。在法律规定的框架之下，任何政府部门不得以任何借口拒绝公开非涉密信息，征信机构可以合理合法地从政府部门获取大量信用信息，使用政府部门的信用数据库，并利用这些基本信息制作成增值的信用信息产品。在政策保障之下，困扰我国信用发展的“征信难”的问题有望得到缓解，越来越多的征信机构会介入征信行业，由此将推动信用市场走向稳定和繁荣。《中华人民共和国电子签名法》和《信息网络传播权保护条例》的颁布有助于规范信用信息的传播和使用，为信用信息安全和隐私权保护提供了初步的保障。电子政务标准体系建设一期工程基本完成，截至2005年12月底，我国已正式发布《电子政务主题词表编制规则》（GB/T 19486—2004）、《电子政务业务流程设计方法通用规范》（GB/T 19487—2004）等7项国家标准，完成了《电子政务标准化总体规划及实施方案》等9份研究报告，形成了《电子政务系统总体设计要求》等25份国家标准草案，开发了4套标准辅助工具[1]。

当然，我国的电子政务政策法规建设基础薄弱，目前仍然处于初级阶段，已经颁布实施的几项法律法规不仅不能满足社会信用体系建设的需要，就连电子政务自身的发展都难以保障。因此，电子政务为社会信用体系建设所提供的政策保障是极其有限的，根本无法满足其发展需求。我国的社会信用体系建设不能仅仅依靠这几项法律法规，还要制定出系统全面和更有针对性的相关政策。

---

[1] 国务院信息化工作办公室. 中国信息化发展报告[R]. 2006:105-106.

1.1.4 电子政务为社会信用体系提供了环境支持

社会信用体系是社会发展到一定阶段的产物，建立社会信用体系要求整个国家或地区具备一定的支撑环境。近年来，中国的信息化建设尤其是电子政务发展为社会信用体系建设提供了支撑环境。从《第23次中国互联网络发展状况统计报告》中可以看到，我国的互联网络发展迅速，互联网普及率持续提高，网民总数不断攀升，越来越多的政府、企业、团体及个人接入和使用互联网。这在一定程度上促进了这两个方面的进步。

1.1.4.1 提高了公务员的信息公开意识和计算机技能

随着社会信息化的发展和电子政务的普及，我国大部分的政府部门引入计算机及网络技术，使用先进的办公软件和系统处理政务。尤其是经过政府办公自动化和政府上网工程之后，不少部门还开发出专门的数据库和信息系统，不仅实现了本部门内部的办公自动化，还通过政府网站与其他部门和广大公众实现了互动交流和在线办公。电子政务的发展及先进信息技术的普及极大地提高了公务员的计算机技能，目前计算机及网络技术已经成为公务员的基本技能和素质要求。另外，在电子政务发展过程中，我国政府一直强调政府职能转换和信息公开，公务员的信息公开意识也在一定程度上有所提高，政务网络的出现更是让各部门逐渐打破部门界限和信息垄断，不断加强交流合作与信息共享，许多公务员已经树立了服务意识和公开意识，利用政府网站主动地向广大公众公开政务信息、积极地提高服务水平。

1.1.4.2 提高了公众的信息公开意识和计算机技能

由于受到封建社会“愚民”思想的影响，我国公民对知情权的认识普遍较低。人们通常会把政府信息看做是与自己无关的或是不能公开的政府内部资料，甚至还人为地赋予政府信息某些神秘色彩。长期以来，很少有人真正重视政府信息的知情权。而随着社会信息化及电子政务的发展，公民的信息公开意识已经开始觉醒并逐渐得以加强。电子政务鼓励公众利用网络获取更多的政务信息、监督政府工作、参与民主建设。经过政府上网工程、企业上网工程、家庭上网工程之后，我国不仅网民总数一跃成为世界第一，而且公众的信息公开意识和计算机技能都得到较大的提高。另外，在电子政务发展中，我国政府还采取一系列措施弥补“数字鸿沟”，加大了贫困地区的网络基础设施建设，向贫困地区普及计算机及网络知识，使得信息弱势群体的信息意识和计算机技能也在一定程度上得以提高。

1.1.5 电子政务网站成为信用公示平台

我国失信行为泛滥的一个重要原因是信用信息传播的不对称，失信行为不能得到及时披露和曝光，如王骗了张，别人不知道，王还可以继续骗李、赵，一骗十，十骗百，造成信用恶性循环，越来越严重。电子政务网络联网以后，可以遍及全国各地，其传递信息速度快而且范围广，可以借助这个优势在政府网站上开辟发布社会失信行为信息专栏，对于企事业单位和个人的任何失信行为，均在电子政务网站上发布，并且保留一定的时间。一旦失信，其失信记录就能通过电子政务网络瞬间传遍全国，企业或个人在任何一个地方发生了失信行为，其他地方的个人和单位都可以通过电子政务网络知悉，这将打破时空的限制，一个组织或个人失信的信息会很快被他人知晓，这种信用信息的公开将失信者对于交易对方的失信转化为对全社会的失信。俗话说“好事不出门，坏事传千里”，无论你到任何地方，这个坏名声都会伴随着你。个人有了不好的名声，就会寸步难行，工作单位会不信任你，他人与之打交道时都会退避三舍或小心提防，与银行、保险公司等来往时会付出比常人更大的代价。负面信用信息的广泛传播就成为约束失信者行为的极强震慑力。

目前，我国银行、海关、税务、外汇管理部门都在建立记录企业不良行为的“黑名单”制度。北京、上海、深圳等地的工商行政管理部门建立了“企业不良行为记录管理系统”，把有违法违规行为的经营者记录在案。广州市工商局将开展为全市企业建立户籍式信用档案的活动，为企业的信用评出 A、B、C 三个等级，并在广州市整顿和规范市场经济秩序信息网页上公布。上海和北京还建立了对个人信用的评估体系。北京市律师协会通过网站向社会公布律师的诚信状况。

1.2 社会信用体系有利于推动电子政务发展

事实上，社会信用体系与电子政务之间是一种互惠互利的关系，电子政务的发展也迫切需要我国建立起较为完善的社会信用体系。社会信用体系建设不仅与电子政务的发展目标相一致，而且能够为电子政务发展带来诸多便利，可以在一定程度上推动电子政务更加深入和快速地发展。

1.2.1 社会信用体系与电子政务的发展目标一致

社会信用体系与电子政务在"十一五"期间的建设重点和发展目标相一致。众所周知，"十五"期间，我国的电子政务仍然是以基础设施建设为主，网络基础平台不能发挥应有的价值，形成所谓的"有路无车，有车无货"的尴尬局面。另外，政府部门不能实现统筹协调和信息共享，也使得电子政务的整体效益和网络价值大打折扣。有专家指出，我国电子政务发展达到了一个临界点，我国政府机构已经基本完成了信息技术基础设施的建设任务，巨大的技术设备投入需要转化为实际的效用，需要依靠政府业已建设的网络基础设施整合和共享信息资源，使信息技术优势最大化，大幅度地改变业已形成的技术资源的效用状况❶。

"十一五"规划将电子政务的发展方向定为"以服务提升效益"，各级政府围绕"三网一库十二金"的发展规划，强调打破部门界限，实现互联互通和信息共享，提高工作效率和服务水平。为此，国务院信息化工作办公室电子政务组的陈小筑司长，2006 年初在谈到"十一五"时期我国电子政务的发展时，首先就谈到了"要以政府信息资源开发利用为主线，以增强政府服务能力为核心，整合推进一批应用项目的互联互通"。陈小筑认为，各部门对信息共享经历了一个从不接受到接受，从被动到主动的发展过程。实践证明，部门间信息共享的程度越高，就越

❶ 冯惠玲. 政府信息资源管理[M]. 北京：中国人民大学出版社，2006.

能促进政府社会管理和公共服务水平的提高，跨部门信息共享的社会效益和经济效益就越明显[1]。

进入“十一五”以后，我国电子政务的工作重点是基于现有的网络平台，实现各类应用系统的大规模开发应用和各类信息资源的整合共享。目前，借助于电子政务提供的软硬环境，全国各个行业、地区、部门都在积极筹划建立各类应用系统，社会信用体系即是其中一项重要的建设项目。因此，我们可以说社会信用体系与电子政务的发展目标是一致的。

1.2.2 社会信用体系可以提高政务信息资源的整合程度

在我国，政府信息资源的开发和利用一直是一个“老大难”问题。政府是最大的信息生产者和拥有者，掌握着大约80%的社会信息，而且这些信息严重分散和屏蔽于各类政府部门。各个部门还在各自的职权范围内建立或正在建立各种资源数据库和信息系统，但由于缺乏统一的规划和组织、相应的标准和规范不完善以及条块分割的行政体制，各信息资源库异构程度高且相互屏蔽，造成大量的“信息孤岛”和公共信息资源的巨大浪费。而社会信用体系建设，尤其是信用信息共享，能够促进各个部门的交流合作，提高政务信息资源的整合程度。

我国大部分的社会信用信息分散在海关、质检、公安、司法、财政、审计、银行、工商、税务、证券监管、环保等三十多个部门。社会信用体系的建设需要组建一个较大规模的信用信息基础数据库。这些部门按照相关规定必须向该数据库提交和更新本部门所掌握的信用信息，而不能再像过去那样各自为政独立地开发建设，甚至以各种借口拒绝公开和共享信息资源。这将有助于打破部门界限和信息垄断，加强部门之间的交流合作，促进信息公开和资源共享。因此，对我国目前离散的公共信用信息资源进行整合，有助于实现全社会信用信息共享、发挥其

---

[1] 电子政府工程服务网．北京电子政务借社会信用体系促信息资源共享[EB/OL]．[2009-03-30]．http://www.dt.gov.cn/dtgov/cn/zwpd/xxhdt/gnxxhdt/gnxxhdtnr/2224/20060307/44429.html.

较大的经济和社会效益以及更好地促进我国社会信用体系建设。

1.2.3 社会信用体系可以提高政府工作效率

当前,由于我国社会信用程度低下,社会经济活动中出现了大量的失信问题,我国有关政府部门把大量的人力、物力、财力投入到规范市场经济秩序的工作中,如技术监督部门监测产品质量,工商部门打击不法商贩和假冒伪劣商品,税务部门检查企业交税情况,文化管理部门打击盗版的音像制品和书刊,劳动部门打击拖欠工资行为,等等,可是有些问题依然很严重。如果建立了一个覆盖全国的高质量、数据齐全的企业和个人信用网络,那么就可以大大减少各种破坏经济秩序的行为,减轻政府部门的管理强度,节约政府的各种资源。同时,政府部门通过信用网络能够快速了解有关企业和个人的信息,如工商部门可以全面了解企业的经营状况,税务部门可以完全掌握个人纳税情况,海关可以掌握企业的进出口情况,银行可以了解企业的资产和资金运转情况,等等,这便于在工作中迅速做出决策。这就提高了政府管理社会的科学性和效率。

1.2.4 社会信用体系建设可以构建信用政府

社会信用体系包括个人信用、企业信用、政府信用等几个方面,其中政府信用居于主导地位,政府信用的高低直接决定着社会其他方面的信用程度。社会信用体系的建立可以促进信用政府建设,树立诚信政府新形象;信用政府的建立又能够极大地推动电子政务更好更快地发展。

首先,信用信息共享可以使政府信息公开真正落到实处,增加政府管理的透明度,避免或杜绝暗箱操作,把政府的公务活动置于社会监督之下。

其次,政府带头守诺言,讲信用,可以给企业、个人带来强烈的引导和示范效应;反之,则有很大的负面影响。

再次,信用政府建设可以提高公务员的整体素质和诚信水平。因为传统的官本位思想和政府权力缺乏有效监督,官员的失信风险成本很小，这就纵容了政府官员的腐败行为，也使得公众对政府的信任程度大打折扣。社会信用体系建设可以将政府官员的信用状况记录在案，使其处于广大公众的监督之下，由此能够约束官员的行为，迫使其自觉提高诚信水平。

最后，社会信用体系不仅使政府官员置于公众的监督之下，也将公众置于政府的监督之下。在社会信用体系之下，政府在与公众打交道时，能够更好地了解个人、企业以及其他团体的信用状况，便于在政务工作中做出更加科学和民主的决策，也便于对广大公众的信用行为实施监督和管理，减少由于政府与公众的信用信息不对称而引起的逆向选择和道德风险问题。

1.2.5 社会信用体系可以促进电子政务的深入发展

社会信用体系可谓是电子政务在新时期的又一大重点工程，它不仅开拓了电子政务的应用领域，而且在一定程度上推动了电子政务向纵深方向发展，主要表现在以下两个方面：

第一，电子政务的建设过程中也会遭遇到种种信用危机，电子政务的发展同样需要文明诚信的社会环境。社会信用体系建设能够鼓励守信、抑制失信，营造文明守信的社会环境，在良好的社会环境中，各种失信行为显著减少，这将有助于化解电子政务发展过程中所遇到的信用难题，电子政务的发展也会更为高效和顺利。

第二，信用体系的建立，可以打破“一手交钱一手交货”这种传统交易的时空限制，拓展交易的时间和空间，为电子商务的发展奠定基础。电子商务技术的不断成熟和完善，不但为政府开展电子政务建设提供了大部分的技术和网络支持，政府还可以方便地进行电子招标和政府采购，同时培育了大批电子商务的潜在客户。

由以上电子政务与社会信用体系的互动关系来看，基于电子政务信息资源共享构建社会信用体系符合我国现实国情的发展模式，能够在一定程度上实现社会信用体系与电子政务相互促进、共同发展。一方面，以目前我国电子政务的发展阶段和社会信用体系的建设现状来看，要在短时期内全面整合分散于各个政府部门、事业单位和社会团体的信用信息，构建一个较为完善的社会信用体系，借助于电子政务信息资源共享是最为快捷和有效的实现方法，从某种意义上说，以电子政务信息资源共享为基础构建社会信用体系，既是必然的选择，也是一条捷径。另一个方面，社会信用体系的构建反过来也能促进政府各部门互联互通和资源共享，并推动电子政务更加快速和深入地发展。可以预料社会信用体系将会成为继几个“金字工程”之后电子政务建设的又一硕果。

目前，我国的社会信用体系建设尚处于起步阶段，基于电子政务信息资源共享构建社会信用体系也没有大规模的开发实现，但我国一些地方已经进行了有益尝试和实践探索，并取得了可喜的成果。自2006年起，北京市也开始打通政府部门之间的壁垒，以信用信息资源共享推动社会信用体系建设。在《北京市人民政府办公厅关于印发北京市社会信用体系建设方案的通知》(京政办发[2005]68号)下发前不久，北京市政府就加强政务信息资源共享工作下达了专门文件。文件指出：北京市要建立政务信息资源共享长效机制，根据法律法规规定和履行职责需要，明确各部门、各单位政务信息共享的内容、方式、责任、权利和义务，建立并完善信息共享基础设施，制定标准规范，推动重点领域和跨部门政务信息资源共享，进一步提高决策能力、行政效能和服务水平。关于加强政务信息资源共享工作，北京市政府尤其提到了要“加快整合社会信用信息资源”。北京市的目标是：根据统一的标准，规范信用信息基础数据库建设，依法推动企业和个人信用数据资料的整合，逐步分别纳入北京市企业信用信息系统和个人信用基础信息共享系统。

第2章 基于电子政务信息资源共享的社会信用体系的模式选择

社会信用体系的模式是指一个国家或地区的社会信用体系的特征和规律,它决定着一个国家或地区从事信用管理和征信服务时所采用的方式和方法。在不同信用体系模式之下,征信方式、运作方式、市场格局、法制保障、政府定位以及社会信用环境等诸多方面都会存在很大的区别。由于各个国家的国情、传统、制度和社会环境等方面存在差异,因而会形成各具特色的信用体系模式。西方发达国家经过百余年的信用发展历史,已经形成了各自相对比较完善的社会信用体系,概括起来主要有三种模式:美国模式、欧洲模式和日本模式。本章将分别从征信模式、法制环境、社会环境、政府定位等几个方面对这三种社会信用体系模式进行分析比较,从中得到某些有益的经验和启示,然后结合我国的现实国情构建一种适合我国的社会信用体系发展模式。

在此需要说明的是,征信是社会信用体系中最为重要的内容,是构建信用体系和推动信用发展的首要工具,因此许多学者直接将社会信用体系称做征信体系,把社会信用体系比较发达的国家称做征信国家。在许多地方,社会信用体系与征信体系两个概念可以混用,一般不会产生理解上的歧义和误差。但如果严格区分,社会信用体系与征信体系不是同一概念,征信的基本意思就是征求他人或自身信用或验证信用,使授信方能够比较充分地了解受信方的履约能力,以降低风险。中国人民银行草拟的《征信管理条例(征求意见稿)》中所称征信,是指对信用信息进行采集、调查、加工、使用等商业性活动。笔者认为征信体系是社会信用体系的核心,而不是全部。社会信用体系不仅包括征信体系,还包括信用环境、信用教育、信用制度等诸多方面,两个概念不能完全等同。因此,本章对社会信用体系模式所进行的分析和讨论,以征信模式为主,同时还包括信用环境建设模式、信用立法模式等其他几个方面。

2.1 各国信用体系模式的分析与比较

2.1.1 美国的社会信用体系模式

美国是世界上信用体系最完善的国家之一,有着160多年的信用发展历史。经过漫长的发展演化,到20世纪80年代的时候,美国的社会信用体系已经趋于完善,并形成了独具特色的社会信用体系模式。美国消费者信用调查联合会(Associated Credit Bureaus, Inc. ,ACB)前主席Barry Connelly先生自豪地说,从太平洋地区到中南美洲,从中东地区到东欧国家,几乎所有的国家都急切地希望向美国学习,建立一套成熟的征信系统。

2.1.1.1 市场化征信模式

美国采用完全市场化的征信模式,这种模式的突出表现就是在完善的信用法律体系和政府监管体系的框架之下,形成了独立、客观、中立、公正的,按照现代企业制度方式建立,符合市场经济规律并依据市场化原则运作的征信系统,美国的市场化征信模式具有以下几个明显的特征❶:

(1)征信机构组成方面。美国的信用调查机构主要由私人和法人投资组成。美国没有公共征信机构,其信用报告几乎全部由民营征信公司提供,这些公司独立经营、自负盈亏,并完全以盈利为目的。

(2)信用信息来源方面。征信机构的信息来源广泛,个人信用信息除来自银行和相关金融机构外,还来自信用卡发行公司和商业零售机构等。由征信公司与信息提供者自愿签订协议,由后者向前者定期提供信用信息。企业信用信息的来源主要是美国各公司定期提供的公司内部信用信息和一些政府公共信息,但一般不包括本单位保密性的数据。

---

❶ 任兴洲. 建立社会信用体系的模式比较[J]. 重庆工学院学报,2003(2).

(3)信用信息内容丰富。征信机构采集的信息既包括正面信息，又包括负面信息。对于企业或者个人的破产记录、违约记录、犯罪记录、被追账记录等负面信息会有系统全面的追踪和收集。

(4)征信活动受法律约束。只有在法律规定的范围之内，征信机构才能采集、加工、存储和使用信用信息。法律对信用信息的采集范围、使用范围、保留期限等各个方面都有明确的规定。征信机构还必须对信用信息的使用和查询情况予以记录和保存，以备监管部门检查。

(5)信用服务对象方面。美国征信服务面向全社会，银行、企业、政府、普通公众等都是信用报告的消费者。信用报告完全是一种商品，征信机构按照市场交易原则将其出售给消费者。

(6)业务范围方面。美国征信机构的业务范围广泛，但在从事个人征信和企业征信业务上有明确的界限。信用调查和信用评级是企业征信机构最主要的两项业务。在企业征信领域，邓白氏（Dunn & Bradstreet）是美国乃至世界上最大的全球性征信机构，凭借其掌握的全球最大的“世界数据库”为世界各地的信用需求者提供企业资信调查报告和企业信用评级报告。在资信评级领域，穆迪（Moody's Investors Services）、标准普尔（Standard and Poor's Corporation）、惠誉国际评级公司（Fitch IBCA）基本主宰了美国的资信评级市场。个人征信机构主要是负责收集和加工个人信用信息，并将生成的信用报告提供给符合法律规定的使用者。目前，在个人征信市场，埃克非公司（Equifax）、环联（Trans Union）和益百利（Experian）三大信用局不仅在美国三分天下，而且不断把服务范围向全球扩张，已经成为国际化的个人征信机构。

2.1.1.2 多元化的市场格局

美国首家征信公司成立于1837年，最初的几家地方性征信机构经过百余年的竞争和发展，到20世纪80年代的时候，市场逐渐趋于稳定，形成了由几个征信巨头和几百家中小规模公司组成的市场格局，邓白氏、穆迪等几个征信巨头占据着全美约90%的市场份额。这些征信公司规模不等，业务范围也不相同，各个公司既相互竞争又存在广泛的合作，以差异化的产品和服务各自占据一定的市场空间，共同推动着整个信用行业的发展。这些公司有一个共同的特征，那就是都属于私营公司,完全是以利益为导向的市场化运作模式,完全按照用户的需求提供信用产品或者服务,依靠市场经济的运作模式和信用法律的约束机制进行自我管理和相互竞争,并逐渐走向成熟和强大。美国的征信机构在从事个人征信和企业征信业务上有明显的界限。

在企业信用服务领域,邓白氏是历史最悠久、规模最大、最有影响力的公司,该公司成立于1841年7月,总部设在美国新泽西州的小城Murray Hill,经过150多年的发展壮大,截至1997年年底,已经发展成为年产值50多亿美元的全球性征信公司。2001年,邓白氏集团公司进行改组,把邓白氏公司和穆迪公司两家公司分拆,分别成为独立的上市公司。改组后的邓白氏公司进一步加快了专业化的步伐。目前,在全球40多个国家拥有130个直属办事机构,提供12种信用信息产品、11种征信服务即各种信用管理软件,年产值约21亿美元❶。该公司建立的邓白氏企业编码(Dunn Number)是被国家标准化组织接受的一种企业编码,如同美国工业分类编码(SIC)、北美工业编码(NAICS)一样在国际上广为流行,一个邓白氏编码象征着一个企业具有良好的信用和较高的信用管理水平。邓白氏企业信息数据库包含5个子系统:邓白氏世界数据库联机服务、全球企业家谱和联系、全球数据库支持系统、全球市场分析和全球市场方案,共拥有6 200多万份企业信用档案,均为动态信息,每日更新近100万次。

美国的个人信用服务市场也经历了100多年的发展历史,在长期的发展演化中,个人征信机构由几家地方性机构发展到2 000多家,又在激烈的市场竞争中经历兼并、破产,最终以埃克非公司、益百利(英国控股)和环联三大个人信用局胜出❷。但在20世纪90年代之前,个人信用服务公司多为地方性组织,规模小、效率低,而且广泛存在着信息垄断行为,缺乏竞争力。进入90年代后,电子化技术被广泛应用于信用服务公司,征信行业竞争加剧,利润最大化的内在动力和激烈竞争

---

❶ 马占芳,符晓波. 现代信用简论[M]. 北京:中国社会科学出版社,2004.

❷ 李俊丽,王家传. 美国个人征信体系的经验及其借鉴[J]. 金融理论与实践,2006(9):72-75.

的外在压力均迫使个人征信部门通过收购、合并等方式不断发展壮大自己。90年代初，美国出现了5家较大的全国性信用局，后来5家信用局又演变为今天的三大信用局。目前，这三大信用局规模和实力不相上下，形成了三足鼎立的市场格局，并且仍然还在通过收购或合作方式不断向全球扩张。小型征信局大部分是地方性征信局，它们多是三大征信局的会员，通过为三大征信局提供相关信息而获利❶。

由此我们可以看到，美国的征信市场格局存在以下几个特征：

(1)市场多元化，市场上存在多家征信公司，各个公司的规模、业务范围、服务对象各不相同。

(2)市场格局已经趋于稳定，由几家征信巨头和多家中小征信机构组成的市场格局在短期内不会有较大改变。

(3)完全实现私有化经营，以盈利为目的，以市场需求为导向。

(4)竞争与合作并存，无论规模大小，所有的征信公司均以差异化的产品或服务进行竞争，并以相互依赖、相互合作求得共同发展。

2.1.1.3 完善的法律保障机制

美国的社会信用体系是世界上最为发达的，其信用法律体系也是世界上最为完善的。可以说，正是完善的信用法律体系为美国社会信用体系提供了强大的保障，使其能够不断走向成熟和完善。第二次世界大战后，美国信用交易规模迅速扩大，信用服务行业中不可避免地出现了一些问题，特别是被征信者的隐私权保护问题。为了更好地应对这些问题，政府制定了大量的信用管理法律，旨在规范信用服务行业。美国在长期的信用发展中，形成了以《公平信用报告法》为核心，辅之以《平等信用机会法》、《诚实租借法》、《公平信用结账法》、《电子资金转账法》、《破产法》、《隐私权保护法》及《信息自由法》等一套完备的法律体系。该体系本着"公平授信"的原则，旨在规范信用管理和信用服务、保护个人和企业的合法权益，法律内容贯穿于信用服务的全过程，将信用产品或服务的采集、加工、生产、传播、销售和使用都纳入法

---

❶ 王建华. 美国个人征信机构的发展、运作及对我国的启示[J]. 江汉论坛，2006(7)：58-60.

律监管范围之内，涵盖信用市场的各个方面。美国征信机构在企业和个人的信用信息的采集、加工、传播及使用过程中都能找到明确细致的法律依据和指导规范。另外，法律还规定了当个体权益受损时所能采取的申诉措施，以及处理纠纷的仲裁依据，任何征信机构和被征信个体都能够得到法律的指导和保护。正是这样一个系统全面的法律体系才能保证美国信用信息管理和服务工作的顺利开展。该法律体系的最大特征就是以保障信用信息公开为主要内容，并且较好地实现了三种关系的平衡：信息公开与国家机密保护、信息公开与企业商业秘密保护、信息公开与个人隐私权保护。美国信息公开的原则是"以不公开为例外"，法律规定九类信息可以免除公开：

(1)国防和外交领域的信息；

(2)纯属行政机关内部人事规则和惯例的文件；

(3)其他法律明文规定可以免除公开的文件；

(4)贸易秘密，从个人以及特权机构或保密机构获得的商业或金融信息；

(5)行政机关内部或行政机关之间的备忘录或往来函件；

(6)公开后可能明显地侵犯个人隐私权的人事的、医疗的以及类似的档案；

(7)执行法律的记录和信息，在妨碍执法程序、剥夺公正审判或公平裁决的权利、不正当地侵犯个人的隐私权、泄露秘密的信息来源和秘密的信息等六种情况下可以免予公开；

(8)金融机构的敏感信息；

(9)关于油井地质和地球物理信息。

正是健全的信息公开法律保障体系为美国信用体系提供了丰富的信息资源，使得征信机构能够广泛和规范地从事信用信息采集加工、信用评级等信用服务活动。另外，除保障信息公开之外，美国的信用法律的另一大特色就是充分重视对被征信者合法权益的保护。法律规定信用局必须通过合理合法的手段收集和公开企业或个人的信用记录，并且必须要保障信用记录的准确性，如果信息不准确，信用局有义务进行重新调查并做出相应的更正。《隐私权法》规定，除人口普查、统计研究、执法需要等12种例外情况外，必须取得本人书面同意，才能公开被记录人的信用记录。信用报告只能用于保险、贷款、雇佣、许可证审批或其他商业交易。法律还规定消费者有不受骚扰的权利。由美国信用行业的发展历史我们可以看到，完善的法律体系是信用体系建设及信用服务行业健康稳定发展的基本保障。

2.1.1.4 良好的社会信用环境

在美国，无论是个人消费还是企业贸易，都以信用交易方式为主，为有效防范风险，贸易双方都特别注重对方的信用状况。无信用记录或者有不良信用记录的个人和企业很难立足，信用不佳的企业会丧失大量的贸易机会，在市场上无法生存和发展。信用不佳的个人会四处碰壁，在申请贷款、求职等方面会受到很大限制。相反，拥有良好信用记录的企业或个人将享有一系列特权待遇，良好的信用记录意味着强大的竞争力，更容易获得贷款，贷款利率更低。美国企业中普遍建立了信用管理制度，较大的企业还成立专门的信用管理部门、建立信用情报系统，一般不会跟没有信用记录或者信用记录不佳的企业和个人打交道。在美国，信用报告成为个人的“第二身份证”，在求职、升学、贷款、买车买房时都需要用到信用报告，有不良记录者将会付出沉重的代价。每个人都尽力减少失信行为的发生，以维护良好的个人信用记录。因此，在美国流行着这样一句话“守信是守信者的通行证，失信是失信者的墓志铭”。正是这种良好的社会信用环境，使得无论企业还是个人都具有较强的信用意识，尽力约束自己的行为，避免在信用报告中出现负记录，由此也形成了西方国家文明守信的社会环境。

较强的信用意识不仅使美国的企业和个人高度重视和自觉维护信用记录，而且促使他们将信用报告看做是甄别交易对象、防范信用风险的首要工具，因此经常向信用局查询信用报告，由此形成了强大的市场需求，征信机构的生存和征信市场的发展离不开这种信用产品的市场需求。旺盛的市场需求为征信机构带来了利润空间，由此带来征信机构的壮大和征信市场的繁荣。三大信用局每年出售6亿多份个人信用报告,收入超过100亿美元[1]。正是如此强大的市场空间,才使得各类信用服务机构能够发展和壮大,并在市场竞争中不断提高产品和服务的质量,由此形成了繁荣的美国信用市场。另外,信用报告带有明显的"网络效应",即持有和使用信用报告的人越多,信用信息的激励和约束力越强,就会有更多的人关注信用问题,由此进入一个良性循环。我们看到美国良好的社会信用环境使企业和个人都具有较强的信用意识,信用报告的应用范围十分广泛,由此带来了旺盛的市场需求,使美国的信用服务市场不断发展壮大,也使社会组织及个人尽力避免失信,自觉维护良好的信用记录,形成了一种文明守信的良好社会氛围。这是一个良性循环的过程,社会信用环境与社会信用体系是一种相互促进、共同发展的关系。

2.1.1.5 合理的政府定位

即使在美国这样的完全市场化的社会信用体系模式之下,政府仍然发挥着重要的作用。美国政府在社会信用体系中的定位十分清晰,主要充当监督者和管理者,负责创建和维护公平和规范的信用市场,并不直接参与市场交易或干预市场主体。美国政府在信用管理方面的职能主要是建立健全信用法律制度,负责相关法律的制定、执行、解释和仲裁:社会信用体系的建设和维护必须依靠完善的法律政策体系,法律政策具有制约、导向、协调、控制、约束、激励、规范等作用,政府通过信用法律政策对信用市场进行管理,引导广大的市场主体走向既定的发展目标。除建立法律体系外,政府还通过一系列的措施确保这些法律政策的贯彻实施。当信用主体对法律提出质疑或异议,或者当信用市场中存在法律纠纷时,政府有关部门还负责对此做出合理的解释或仲裁。美国的信用法律体系以保护消费者权益为核心,其中约3/5是消费者保护法律,由美国政府的联邦贸易委员会(FTC)负责主要执法和权威解释,而另外2/5属于规范金融机构向市场投放信用类的法律,由联邦储备委员会(FRB)负责主要执法和权威解释,而对征信行业中企

---

[1] 张铁. 略谈美国的个人信用档案管理[J]. 兰台世界,2004(6).

业资信调查和市场调查行业则没有法律法规的约束[1]。

2.1.2 欧洲的信用体系模式

欧洲的信用产业发展较早，尽管发展速度慢于美国，但经过百余年的发展，也已经建立了非常完善的社会信用体系，而且形成了与美国有明显差异的欧洲征信模式。由于现实国情和历史发展的差异，欧洲各国的社会信用体系存在着一定的差异，但总体来说是共性大于个性，整体呈现出以下几个特征。

2.1.2.1 公共征信模式

欧洲征信模式通常也被称之为公共征信模式，公共征信模式主要是以政府驱动为主，征信机构作为中央银行的一个部门在中央银行的监管之下从事信用信息的采集、加工和评估服务，中央银行强制要求其所监管的金融机构向公共征信系统（Public Credit Registry）提供有关贷款及借款人的数据。欧洲中央银行的行长委员会将公共征信系统定义为“一个旨在向商业银行监管当局提供有关公司及个人对整个银行体系的负债情况信息的系统”。

（1）征信机构组成。公共征信模式下的征信机构是由中央银行负责组建的，一般作为中央银行的一个部门建立，由中央银行对其进行监管，征信机构在信用信息的采集、加工和评估等活动中所使用的征信制度也由中央银行制定。

（2）信用信息来源。公共征信体系强制要求所有银行必须定期向公共征信系统提供信贷信息，有些国家还要求保险公司等金融机构也要向公共征信系统提供数据，因此公共征信系统主要收集来自银行和金融机构的信贷信息，而不包含其他社会信用信息，近年来仅有法国等少数欧洲国家开始逐步采集来自法院、税务机关等政府部门的公共信用信息。

（3）信用信息内容。欧洲公共征信系统的信用信息主要来自于银

---

[1] 孙国志，张炎培. 信用经济——中国经济再次腾飞之钥[M]. 北京：企业管理出版社，2005：229.

行和金融机构，信用信息的种类有限，内容以信贷信息为主，较少包含其他社会信用信息。欧洲多数公共征信系统同时收集正负两方面的信用信息，而也有少数征信系统只包含正面信息或者负面信息。例如，德国、爱尔兰、意大利等国家的征信系统对正面信息和负面信息都进行收集与处理，奥地利公共信用登记系统只处理正面信息，比利时和芬兰的征信系统只处理负面信息。

(4)信用信息服务对象。欧洲的公共征信系统主要为金融监管机构提供服务，服务对象主要包括银行等金融机构，而较少考虑其他市场主体的信用信息需求，信用信息产品的类型比较单一，应用范围也非常有限，主要为金融机构内部防范金融风险提供信息沟通和共享服务。按照相关法律规定，欧洲公共征信系统信息的提供和使用遵循对等原则，也就是说，金融机构既是主要的信息提供者，也是主要的使用者。公共征信系统不是商业化的，信用信息服务是免费的或者只收取较少的费用。

(5)业务范围。公共征信系统既包括个人信用信息，又包括企业信用信息。与美国私营征信系统企业征信和个人征信业务存在明显界限不同，欧洲公共征信系统一开始就将企业征信和个人征信结合起来，其业务范围同时包括企业和个人的信用调查与评估。

2.1.2.2 市场格局

尽管欧洲国家的征信市场是以公共征信模式为主导的，但私营征信市场也有所发展，形成了以公共征信为主、私营征信为辅的市场格局。公共征信机构主要采集银行信贷信息，为商业银行开展信贷业务和中央银行从事监管活动提供信息服务。私营征信局按照市场化模式运作，独立经营，自负盈亏，一般以公共征信系统为依托从事信用信息的采集、加工和评估业务。私营征信局所收集的信用信息是由相关的政府部门、企事业单位、社会组织或个人自愿提供的，信息的来源广泛，种类也更为丰富。但由于欧洲国家主要是以公共征信为主，因此私营征信局的市场空间非常有限，目前欧洲市场上的私营征信局主要是美国著名征信公司在欧洲所设的分支机构，而且大多从事个人征信业务。从整体来说，欧洲信用市场格局是公共征信与私营征信并存，以公共征信为主、私营征信为辅，但具体到欧洲各个国家的征信市场，各国的征信市场格局各不相同，公共征信和私营征信所占的比重也存在一定的差异。有些国家的信用信息服务完全依靠公共征信系统提供，根本不存在私营征信机构，也有一些国家不存在公共征信系统，仅仅依靠私营征信机构提供信用信息服务。当然，德国、意大利等大部分欧洲国家既有公共征信机构，又有私营征信机构，两者相互依赖、相互补充，也存在明显的业务竞争。私营征信机构既以公共征信系统为依托，也为公共征信系统提供信用信息。而公共征信系统由中央银行负责组建和运营，凭借中央银行的强制力采集信贷信息，对私营征信机构的生存和发展形成巨大的威胁。为防止公共征信机构对信用信息的垄断，欧洲许多国家都设有最低贷款额度，也就是说，只有超过这个额度的信贷信息才能进入公共征信系统，私营征信机构一般采集和处理低于最低贷款数额的信贷信息。而在没有设立最低贷款数额的国家，私营征信机构的发展受到很大的限制。根据世界银行的调查，设有公共征信机构的30个国家中有19个确定了最低贷款数额，各个国家的最低贷款数额也各不相同。

2.1.2.3 法律制度

欧洲国家非常重视信用立法，建立了一系列比较完善的信用管理法律法规，其中比较著名的是英国的《消费信贷法》、德国的《个人数据保护法》和《通用商业总则》。欧洲各国都通过法律法规形式对征信市场的发展和征信机构的活动进行指导与管理，对信用信息采集的种类和公开的范围都有详细而明确的规定。例如，西班牙的信用法律规定征信局不能采集和公开正面信息。另外，欧洲各国也非常重视个人隐私权的保护，《欧盟数据保护纲领》指出在公开各种数据的同时，特别强调不能滥用数据。因此，欧洲许多国家都制定了有关信用信息保护的法律法规，旨在以立法形式在信用信息公开和个人隐私权保护之间取得平衡。欧洲信用法律制度的最大特征是各国对信用信息的保护水平各不相同。在保护水平较高的国家，法律规定必须经过债务人的许可，征信机构才能采集和使用债务人的信用信息。在中等保护水平的国家，在法律规定的几种合理使用的目的之下，比如银行审查贷款时，可以采集和使用借款人的信用信息，无须再征得借款人的许可。在保护水平较低的国家，任何人在任何目的之下都可获得借款人的信用信息。1998 年欧洲议会文件规定“在个人数据处理和个人信息流动时必须保护个人利益”，该文件的生效使得欧洲国家的信用立法变得更为严格。例如，德国法律规定个人数据的处理和使用必须征得本人的书面同意，葡萄牙法律甚至规定，贷款人向信用局错报有关借款人的信用信息是一种犯罪行为。尽管欧洲各国法律对信用信息的管理和保护程度各不相同，但从整体来看，欧洲大部分国家的信用法律制度比美国的信用法律制度更为严格，这与欧洲公共征信模式的理念和特征是一致的。

2.1.2.4 社会信用环境

前文中我们提到美国的社会信用环境非常适合于信用信息的公开和共享，也为征信机构的发展和繁荣提供了足够的市场需求。美国公众将信用报告看做是企业和个人的资产与身份证明，整个社会环境都鼓励企业和个人重视自身的信用记录，并积极地查询和利用自己与他人的信用信息，利用信用信息支持决策。因此，我们可以说，美国的社会信用环境是开放型的，更加注重信用信息的公开和共享。而欧洲的社会信用环境是保守型的，即对信用信息的保护大于公开。公共征信机构从事征信活动主要是出于银行监管和审查目的，信用信息的共享范围通常只限于金融机构内部，不考虑其他组织或个人的信用信息需求。除监管目的外，信用信息被看做是企业或个人的隐私，常常以法律法规形式予以严格保护，不仅不鼓励其他社会组织或个人使用信用信息，而且限制信用信息向社会公开。这种保守型的社会信用环境是由历史、法律、观念等诸多因素综合作用形成的，也正是这种保守的社会信用环境，使得欧洲国家私营征信机构的发展受到很大限制，征信市场一直以公共征信模式为主。

2.1.2.5 政府地位

欧洲国家政府深度介入社会信用体系建设中，在各项信用管理工作中政府都居于主导地位，其主导地位与欧洲国家的公共征信模式是一致的。公共征信模式主要由政府驱动，公共征信机构由政府出资组建,直接隶属于中央银行,公共征信系统是服务于银行监管和政府决策的官方非盈利组织。政府不仅负责相关信用法律的制定和实施,而且凭借其行政动员能力强制要求各金融机构定期向公共征信系统提交信用信息。因此,在欧洲国家的征信市场上,政府既是裁判员,又是运动员。政府的深度介入,保证了公共征信系统具有充足的信息来源和运营资金,也限制了征信系统的商业化,使得征信市场缺乏竞争,既影响了公共征信机构的效率,又不利于私营征信机构的发展。

2.1.3　日本的信用体系模式

日本的社会信用体系已经趋于完善,征信行业也已经步入成熟的发展轨道,信用信息服务在市场经济中发挥着重要的作用,已经成为日本国民经济不可或缺的润滑剂。日本的企业征信行业起步较早,已有百余年发展历史,从事企业征信业务的东京商工所(Tokyo shoko Research Ltd.)和帝国数据银行(Teikoku Data Bank Ltd.)分别成立于1892年和1899年。日本的个人征信行业发展较晚,第一个个人信用信息中心成立于1973年。日本的社会信用体系采用会员制模式,行业协会在征信行业的发展中发挥着巨大的作用。与美国和欧洲相比,日本的会员制征信模式呈现出独有的特征。

2.1.3.1　征信模式

日本的企业征信和个人征信都采用会员制模式,其信用信息仅限于会员内部共享。行业协会在征信活动中居于主导地位,不仅肩负着动员、协调和管理职责,而且在其行业范围之内成立征信机构,负责采集和加工来自于本行业协会所辖的会员单位的信用信息,并为这些会员单位提供信用信息查询服务。会员制征信机构不以盈利为目的,但为了维持其长期运营和发展,在向会员单位提供信息和会员单位使用信息时适当收取费用。

(1)征信机构组成。日本的征信机构大体上可划分为银行体系、消费信贷体系和销售信用体系三类,相应的行业协会分别是银行业协会、信贷业协会和信用产业协会,这些协会的会员包括银行、信用卡公司、担保公司、保险公司、其他金融机构、商业公司以及零售店等[1]。由银行业协会建立的全国银行个人信用信息中心以银行等金融机构为会员单位，信贷业协会成立的株式会社日本信息中心以各地区的消费类金融公司作为会员单位，信用产业协会成立的株式会社信用信息中心的会员主要由各信用销售公司和信用卡公司组成。

（2）信用信息来源。会员制征信系统的信用信息主要来自于本行业协会所辖的会员单位，少部分信用信息是与其他行业协会的信息中心交换得来的。会员单位在向行业信息中心提交本单位掌握的信用信息时需要根据信息的数量和质量收取一定的费用，当然会员单位在使用本行业信息中心提供的信用信息产品时也是需要付费的。目前，日本正在建立更为广泛的行业协会间的信用信息的交换制度，与其他行业协会交换信息将会成为一种重要的信息来源。

（3）信用信息内容。日本会员制征信模式之下，信用信息的内容取决于行业协会的种类，也就是说，每个行业协会所成立的征信机构收集和处理的信用信息的内容与种类各不相同。比如，银行业协会的信息中心主要收集企业和个人的银行信贷记录，株式会社日本信息中心主要收集金融公司所掌握的消费者信用消费记录，株式会社信用信息中心主要收集信用卡公司和销售公司的信贷消费记录。

（4）信用信息服务对象。各行业协会所成立的征信机构的服务对象非常明确，主要是本行业协会的会员单位，也就是说，日本的信用信息并不完全公开，只是在协会成员之间交流和共享。由于目前日本正在建立信用信息交换制度，有些行业协会将其掌握的信用信息与其他行业协会的信用信息进行交换，该交换制度有望使信用信息共享的范围突破行业协会限制，扩大信用信息的共享范围和服务对象。

（5）业务范围。日本会员制征信机构的业务范围比较有限，主要从事企业和个人资信调查与信用评估。在日本征信行业发展的初期，征信机构的业务以提供简单的资信调查为主，随着信用行业的发展和

---

[1] 郑磊. 日本征信模式[EB/OL]. [2009-05-25]. http://www.chinavalue.net/wiki/showcontent.aspx?titleid=177329.

信息技术的引入,日本征信机构的产品和服务不断走向多样化和深入化,尤其是企业征信服务注重与企业战略管理和竞争情报相结合,正逐步转化为综合情报服务。

2.1.3.2　市场格局

日本征信市场已经趋于成熟,形成了会员制征信机构和商业性征信公司并存的市场格局,个人征信市场和企业征信市场的格局存在较大的差别。日本的个人征信市场以会员制征信模式为主,目前形成了全国银行个人信用信息中心、株式会社日本信息中心和株式会社信用信息中心三足鼎立的局面,其中全国银行个人信用信息中心是全日本最大的个人征信机构。1973 年日本银行协会在东京成立了第一家个人信用信息中心,该中心是非盈利性的银行会员制机构。之后,各地的银行协会相继成立了 25 家地方性的个人信用信息中心,地方性的银行作为会员参加“信息中心”。1988 年,全国银行协会把日本国内的信息中心统一起来,建立了全国银行个人信用信息中心。信息中心的信息来源于会员银行,会员银行在与个人签订消费贷款的合同时,均要求个人义务提供真实的个人信用信息。这些个人信用信息中心负责对消费者个人或企业进行征信。株式会社日本信息中心和株式会社信用信息中心以金融公司、信用卡公司、销售公司等为会员单位。1983 年,日本三大信用局即全国银行个人信用信息中心、株式会社日本信息中心和株式会社信用信息中心又合资建立了信用信息网络系统,其目的是可以在不同机构间共享变动信息、公共信息和个人申告信息等的负面信息,防止发生多重借债等恶性个人信用缺失问题[1]。

在企业征信市场上,商业性的征信公司占据着主要的市场份额。日本的企业征信市场呈现出由分散经营到集中垄断的发展轨迹。在征信行业出现之初,大量征信企业涌入市场,各个企业竞争激烈,整个征信市场也比较混乱。经过征信企业间激烈的竞争和淘汰,20 世纪 60

[1] 谭中明. 社会信用管理体系——理论、模式、体制与机制[M]. 合肥:中国科学技术大学出版社,2005:178.

年代起出现明显的寡头集中趋势，帝国数据银行和东京商工所两家占据了市场份额的60% ~70%，这一态势已保持至今，呈现出集中垄断的长期性、稳定性。这主要源于其智力劳动密集型、资料经验积累型的行业特征，即需要大量的有丰富从业经验的调查员和分析员、庞大的全国网络、大量企业的长期信用资料等，对此一般公司难以逾越[1]。帝国数据银行和东京商工所不仅掌握着全日本乃至全亚洲最大的企业信用信息库，而且提供的信用报告收费很低，拥有稳定的客户群。加之日本是一个注重人际关系的社会，因此国外的征信巨头公司在进军日本市场时，面对较大的阻力，最后不得不委托东京商工所代其进行企业资信调查，间接开展对日业务。

2.1.3.3 征信法律制度

根据日本法律规定，上市的大企业有义务每年两次公开本企业的财务和经营管理信息，中小企业无公开信息的义务，金融机构通过与客户交流掌握该企业的客户信息，但金融机构之间并不交流客户的信用信息，这样的法律规定既保证了征信公司有稳定的信息来源，又为企业征信行业提供了一定的发展空间。关于个人征信以前并无明确的法律规定，但在银行授信前，会要求借款人签订关于允许将其个人信息披露给其他银行的合同。日本有关信用管理的法律主要有：1988 年 12 月颁布了《行政机关保有的电子计算机处理的个人信息保护法》，对行政机关保有的由计算机进行处理的个人信息提供了法律保护；1983 年颁布《贷款业规制法》和《分期付款销售法》，对个人信用信息的收集和使用等作了初步规定，规定信用信息机构保有的信息只能用于调查消费者的偿债能力或支付能力；1993 年日本行政改革委员会提出《行政改革委员会行政信息公开法纲要》，对征信机构收集政府部门保有的信用信息提供法律依据[2]。可以说，日本的信用政策中由政府颁布的法律法规很少，信用管理活动主要依赖于日本行业协会的内部规定和要求，

---

[1] 郑牟丹. 征信体系的美、日模式[EB/OL]. [2009-05-26]. http://www.xici.net/b165423/d8037758.htm.

[2] 郑磊. 日本征信模式[EB/OL]. [2009-05-25]. http://www.chinavalue.net/wiki/showcontent.aspx?titleid=177329.

这一特征也是由日本会员制征信模式所决定的。行业协会的内部规定在信用管理中发挥着重要的作用，指导和约束着征信机构所从事的信息采集、加工和利用等活动，也在一定程度上规范了信用市场的运行和发展。但随着日本信用信息共享范围的扩大，信用信息的采集和公开范围已经突破单个行业协会，开始面向满足整个社会的信用需求，加之非会员制征信公司的发展壮大，原有的行业协会的内部规定已经不能满足信用市场和信用行业发展对于信用法律制度的新要求，需要由政府出面制定相关的法律政策，因此日本政府必须要加强信用法律制度建设。近年来，日本已经开始加强个人征信的立法建设，重视个人信用数据的保护工作。目前，日本正在制定和完善有关保护个人隐私的基本法律，重点确定个人金融信用信息、医疗信息、通信信息的开放程度[1]。

2.1.3.4 社会信用环境

日本的社会信用环境没有美国那么开放，也没有欧洲那么保守。在征信行业发展早期，尤其是在信贷消费出现之前，公众基本上对信用信息产品没有需求，企业对于早期的信用调查更是持警惕、排斥、拒绝的态度，其中不乏将调查员拒之门外、侮辱谩骂等行为。社会公众对征信普遍表示出漠视、不理解和不信任感。在信用行业出现之后的一百年间，日本社会对征信的态度由排斥逐渐转为理解和认同，直至今天日本的政府、银行、企业、行业协会及普通公众已经普遍认同征信机构及其征信服务在经济和社会生活中的重要作用。征信公司调查报告成为企业开拓新客户、选择合作伙伴、确定信用额度的重要参考依据，政府部门利用信用报告对参加政府采购的企业进行资格审查，银行在审批贷款申请、确定贷款金额时也将信用报告列为重要判断依据。随着经济环境日益复杂多变，市场主体之间的竞争日益加剧，以及信贷消费市场的扩大，日本社会对征信产品和服务的需求更为强烈与多样化，这就为征信机构的发展壮大提供了充足的市场空间，不论是原有的由行业协会成立的征信机构，还是非会员制的征信公司，都在扩展其业务范围。会员制

---

[1] 郑牟丹. 征信体系的美、日模式[EB/OL]. [2009-05-26]. http://www.xici.net/b165423/d8037758.htm.

征信机构的信息采集和共享范围逐渐突破行业协会内部,而面向整个社会,非会员制的征信公司的征信服务也日趋深入和多样化。

2.1.3.5 政府定位

日本会员制的征信模式是由行业协会驱动的,政府居于监管者的地位,并不直接干预征信市场和征信行业,主要负责制定和监督实施相关的征信法律。在征信行业发展初期,政府也曾给予一定的资助和扶持,特别是对于帝国数据银行等主要征信机构给予资金支持,并协助银行进行资信调查方面的协调工作。随着征信机构的发展壮大,以及征信市场日渐成熟,政府逐渐淡化其在征信行业中的直接参与。目前,日本征信行业已经步入正轨,征信活动中几乎看不见政府参与的痕迹。政府除承担监管者的职责外,还积极公开其掌握的信息,这成为征信机构稳定可靠的信息源。日本政府和征信机构的定位更接近于主顾关系,政府对外免费公开信息,同时有偿使用业界的服务,如破产分析、行业预测等;政府不干预业界的经营,同时在立法方面也没有特别针对性的法律法规。对此,日本的业界人士表示,自由经营有利于保持信用调查的公平、独立,保证调查结果的客观、公正,从而能促进行业的长久健康发展。政府对信息的披露逐渐走向开放。政府对其掌握信息的开放程度是决定征信业发展的关键要素,日本政府从扩大社会知情权的角度出发,对其掌握的信息逐步采取开放的做法,特别是在 2001 年《政府信息公开法》实施后,大量的信息免费向社会公开❶。

2.1.4 三种模式的比较分析

美国的市场化征信模式、欧洲的公共征信模式和日本的会员制征信模式是目前世界上最具代表性的三大征信模式。三种模式的出现都有其深刻的历史和现实根源,也符合各国的信用环境和现实国情。三种模式风格各异,各有利弊。

美国的私营市场化征信模式灵活多变,在经济利益的驱使之下,各

---

❶ 新浪财经.国际社会信用体系建设的主要模式[EB/OL].[2009-05-26].http://finance.sina.com.cn/hy/20070131/10393299113.shtml.

个征信公司会不断提高其征信产品和服务的质量与水平，适度的市场竞争也更有利于征信市场的长期繁荣和稳定。事实上，美国邓白氏、穆迪等征信巨头公司在全球征信市场上所取得的巨大成功已经证明了私营征信模式的优越性。但私营征信模式需要与之相适应的完善的信用法律制度和强大的信用市场需求，而且完全市场化的经营模式也容易造成征信市场的相对混乱和不正当竞争。因此，尽管私营征信模式有其优越性，但并不意味着它是放之四海皆准的万能模式，其他国家在引入该模式时需要谨慎对待。

欧洲的公共征信模式能够借助于政府的强大财力和动员力在短期之内组建较大规模的信用信息库，对信用法律制度和信用市场需求也没有过高的要求，征信行业起步较晚的发展中国家多采用这种征信模式。但公共征信模式具有较多的弊端：首先，信息采集和公开的范围十分有限，信息内容以银行信用记录为主，信息共享的范围也多限于金融系统内部；其次，公共征信机构由中央银行组建，作为中央银行的一个部门，处于中央银行的直接监管和庇护之下，不以盈利为目的，不能实现独立经营，缺乏发展壮大的活力和动力，不利于提高其征信产品质量和服务水平；再次，公共征信模式容易形成信息垄断，不利于私营征信公司的发展；最后，公共征信机构主要是针对金融机构提供征信服务，基本不考虑其他社会组织和个人的信用信息需求，难以满足经济和社会发展的需要。

日本的会员制征信模式由行业协会驱动，减轻了政府的负担，对相关的法律制度和社会信用环境也没有过高的要求。但会员制征信模式的信息公开范围也是非常有限的，一般仅限于行业协会内部成员单位之间的交流和共享，不能满足其他市场主体的信用需求，而且对行业协会的要求较高，需要其具备强大的组织协调能力。鉴于这些弊端，日本征信市场采用会员制和私营制互补共存的发展格局，原有的会员制征信机构也在不断扩大其征信范围，可通过相应的交换制度扩大和其他行业协会的交流与合作。

市场化征信模式、公共征信模式和会员制征信模式各有利弊，不能把三者看成是简单的对立关系，更不能试图将三者进行相互取代。三种征信模式可以共存于同一个国家或地区，互相补充、共同发展。根据世界银行专家对43个国家和地区的调查，已经设有公共征信系统的国家中，有30%还设有私营征信机构❶。日本的征信市场上也是会员制征信机构与私营征信公司并存，德国的社会信用体系更是同时包含了公共、私营和会员制三种模式，由中央银行建立的信贷登记中心、私营征信公司和行业协会信用中心共存于德国的信用市场。尽管多数学者认为，市场化是世界征信体系的发展趋势，但目前三种征信模式仍然会长期共存，尤其是信用行业起步较晚的发展中国家，更加倾向于采用公共征信模式。美、欧、日征信模式比较如表2-1所示。

表2-1　美、欧、日征信模式比较

国家或地区	美国	欧洲	日本
征信模式	市场化征信	公共征信	会员制征信
征信机构	私营征信公司	中央银行的信用管理局	行业协会信用信息中心
性质	私营，盈利	官办，非盈利	非盈利
主导者	市场	政府	行业协会
信息来源	银行、行业协会及各类企事业单位	中央银行监管之下的各类金融机构	行业协会所辖的会员单位
征信方式	协商自愿	强制呈交	强制呈交
信息公开范围	全社会	金融系统内部	行业协会内部
征信目的	满足各类市场主体的信用需求	为金融机构监管提供决策依据	满足行业协会内部会员单位的信用需求
市场格局	全部是私营征信公司完全市场化经营	公共征信机构与私营征信公司并存，以公共征信为主	行业协会信用信息中心与私营征信公司并存，个人征信以会员制征信模式为主，企业征信以私营征信公司为主

❶ Jappelli Tullio, Macro Pagano. Information sharing, lending and defaults: cross-country evidence[J]. Journal of Banking and Finance, 2001, 26(10): 2023-2054.

续表 2-1

国家或地区	美国	欧洲	日本
法律制度	由政府制定完善的信用法律制度	由政府制定,各国法律制度存在差异	以行业协会内部规定为主,政府制定的法律法规较少
信用环境	开放,公众对信用产品的需求较强	保守,公众对信用产品的需求不足	由传统逐渐转向开放,公众的信用需求不断加强
政府定位	监管者	深度参与征信	政府地位很弱,由行业协会承担监管职责

2.2 适宜我国采用的征信模式

2.2.1 我国的现实国情分析

2.2.1.1 我国信用体系建设起步较晚

新中国成立以后,我国经历了较长时期的计划经济,国家法律和行政指令规范着经济和社会的所有领域,没有信用制度,更不需要信用信息。直到改革开放以后,经济建设和社会发展对信用提出了越来越高的要求,信用问题开始受到重视。到20世纪90年代,信用缺失严重制约着我国市场经济的发展和精神文明的建设,社会各界对信用的呼声越来越强烈。1992年开始陆续出现了新华信商业信用咨询有限公司、上海资信有限公司等一批信用信息服务公司。1999年,中国建设银行率先建立了个人信用评估制度——龙卡个人信用等级评定办法。银行汇集了持卡人的年龄、学历、职业、收入和家庭资产等信息资料,形成一个由14个指标构成的体系,针对客户个人还款能力和资信状况,设立从C级到3A级共7类个人信用等级,不同信用等级的客户享有不同的透支额度[1]。新世纪伊始,国家信用体系建设和个人信用信息管理被正式提上议事日程。从中央政府、全国人大到地方政府,以及许多企业和组织都认识到了建立社会信用体系的重要性,并积极采取有效的措施来推进这项工作。

2.2.1.2 我国市场经济发展迫切需要建立完善的社会信用体系

我国的社会信用体系建设起步较晚,从国家正式提出社会信用体系建设至今尚不足十年,信用信息服务行业的发展历史也仅有近二十年。而欧美征信国家的信用行业发展历史长达百余年,与之相比我国的社会信用体系建设仅仅处于起步阶段。这与我国市场经济的发展水平和发展速度极为不符,并且已经成为制约我国市场经济发展的一大桎梏。市场经济是信用经济,我国市场经济的发展迫切需要建立相对完善的社会信用体系,根本不允许再像英美国家那样经历百余年的渐进式发展。面对这种要求,我国的社会信用体系建设必须要寻找一种发展捷径,要实现跳跃式发展,在短时期之内组建覆盖全国的征信系统和相对完善的社会信用体系。

2.2.1.3 我国大部分信用信息分散于各类政府部门

在我国,政府是最大的信息生产者、保管者和使用者,掌握着约80%的社会信息,尤其是信用信息严重分散和屏蔽于工商、公安、税务等三十多个政府部门。政府部门各自为政条块分割,通常以“保密”等理由拒绝征信机构采集信息,甚至会利用所垄断的信用信息进行权利寻租。私营征信机构采集信用信息难度大、成本高,很难实现较为全面的或者大规模的信息采集,私营征信机构难以维系其生存,更谈不上发展和壮大。因此,在我国的政府信用体系建设之初,由于缺乏必要的信用信息服务市场环境和信用信息公开环境,私营征信机构难以成为信用信息服务和社会信用体系建设的主力。加之我国党政一体化的政治体制,政府具有强大的行政动员能力和领导力,政府理所当然地在社会信用体系建设中居于主导地位。

---

[1] 王璐.关于我国个人信用评估若干问题的研究[D].长沙:国防科学技术大学,2004.

2.2.2 基于电子政务信息资源共享构建社会信用体系的现实需求

自20世纪90年代以来,我国政府一直十分重视电子政务的建设,特别是在“十五”时期,电子政务各项工作有序推进,成效显著,已经基本形成了覆盖全国的网络基础平台,一些重点业务应用系统已经投入使用,立法、标准化、信息安全等电子政务环境建设工作也稳步展开。电子政务已经初具规模,为我国社会信用体系建设提供了前所未有的发展机遇,尤其是在整合和共享信用信息资源方面,电子政务具有难以比拟的优势。因此,我们提出基于电子政务信息资源共享构建社会信用体系的发展构想。目前,许多专家学者已经充分认识到电子政务对于信用信息资源建设与社会信用体系建设的重要价值,湖南、北京等地已经尝试将电子政务与信用信息系统和社会信用体系建设结合起来,基于已有的电子政务建设成果开发和利用信用信息资源,并取得了初步的成功。这一构想是基于对我国现实国情的考虑而提出的:一方面,我国的社会信用体系起步之时,电子政务建设已初具规模,社会信用体系建设可以利用已有的电子政务成果;另一方面,我国政府是信用信息的最大生产者和保管者,征信系统以整合政府部门所掌握的公共信用信息为主。以上这两个方面是我国所特有的现实国情,基于电子政务信息资源共享构建社会信用体系也是不同于欧美国家的公共征信、市场化征信和会员制征信,具有中国特色的发展模式,这就决定了我国的社会信用体系建设不能直接照搬欧美国家的征信模式,而要探索出一种适合我国的征信模式。

2.2.3 适合我国采用的征信模式

基于上文中对我国现实国情的分析和以电子政务信息资源为基础构建社会信用体系的现实需求的分析,我们可以得出结论,美国的市场化征信模式、欧洲的公共征信模式和日本的会员制征信模式都不适合于我国国情,我国的社会信用体系建设不能照抄照搬西方发达国家征信的模式,而要探索出一种适合我国现实国情和信用行业发展的具有中国特色的征信模式，该征信模式应具有以下几个方面的特征。

2.2.3.1 政府居于主导地位

在我国社会信用体系的建设过程中，政府将居于主导地位，尤其是在社会信用体系组建之初，政府需要深度介入征信业务中：

(1)为社会信用体系建设提供宏观的规划和设计；

(2)为社会信用体系筹集资金；

(3)负责相关信用法律法规的制定、解释和实施；

(4)协调各相关部门的利益关系；

(5)委托和授权公共征信机构组建大规模的征信系统；

(6)负责社会信用体系建设的监管工作。

由以上几个方面，我们可以看到在社会信用体系的建设初期，政府不仅充当监管者和立法人，而且直接参与到征信系统的建设中，政府委托和授权的公共征信机构更多的带有官办性质，甚至直接隶属于某个政府部门，从这一点上来看，我国社会信用体系建设初期的征信模式比较接近于公共征信模式。但随着我国征信行业的发展，尤其是当大规模的征信系统组建完成之后，政府应该逐渐减少直接参与，而主要充当监管者。原有的官办性质的公共征信机构也要与政府脱离，逐步转变成独立经营、自负盈亏的第三方征信机构。如果长期处于政府的庇护之下，不仅自身缺乏竞争力和活力而难以发展壮大，而且将造成信息垄断，影响私营征信机构的生存，进而影响整个信用行业的长期发展和稳定。

2.2.3.2 以整合公共信用信息资源为主

在我国，政府是最大的社会信用信息生产者和保管者，掌握着约80%的社会信用信息。因此，我国的信用信息系统将以整合公共信用信息为主，尤其是在社会信用体系建设之初，电子政务网络连接各级各类政府部门，借助于电子政务网络整合公共信用信息资源，能够低成本、高效率地获得大量的信用信息，能够在短时期之内组建较大规模的信用信息系统。公共信用信息来自于各级各类政府部门，权威性和真实度较高，在经过相应的分类、去重、格式转换之后存储于信用信息基础数据库中，可供各类组织和个人直接使用，也可以作为原材料，经由信用中介机构进行二次加工，生成价值更高、针对性更强的信用报告。

除政府部门外，其他的企事业单位、社会团体和个人也掌握着大量的信用信息。因此，社会信用体系建设以整合公共信用信息为主，同时也要广泛地采集非政府部门所掌握的信用信息。一方面，在原有的电子政务网络设施的基础上，还要构建覆盖全国、连通各级政府和各类部门的电子政务网络，在此网络平台上更加全面与高效地采集、加工、存储、传递、发布和查询信用信息；另一方面，银行、学校、通信公司、信用中介等事业单位和社会团体也掌握着相当一部分信用信息，为采集到更加系统全面的个人信用信息，还需要与这些社会组织进行广泛地合作，整合和共享社会信用信息。因此，我国社会信用体系建设以整合公共信用信息为主，同时还要将采集范围面向全社会，实现全面的共建共享。

2.2.3.3 公共征信机构与私营征信机构共存

在我国社会信用体系建设的模式选择问题上，长期存在着分歧。一种观点认为我国应该采用公共征信模式，原因是鉴于我国的现实国情，政府必将在社会信用体系中发挥巨大的作用；另一种观点认为我国应该采用私营征信模式，因为公共征信模式具有种种弊端，而私营征信模式具有无可比拟的优越性，而且私营征信模式是全世界征信行业发展的必然趋势。上文中我们谈到，在我国社会信用体系建设初期以公共征信为主，但这并不意味着应该排斥或者限制私营征信机构的存在，相反，国家应该鼓励和引导更多的私营征信机构参与到征信服务中。私营征信机构以其特色化的产品、服务，以及先进灵活的管理方式、优质高效的服务效率与公共征信机构进行竞争，不仅能够更好地满足消费者的需求，而且促进了整个信用市场和信用行业的繁荣与稳定。因此，在我国的征信市场上，公共征信机构和私营征信机构将长期共存，既存在竞争，又相互促进和互为补充。在社会信用体系建设初期，尤其是在大规模基础信用信息系统组建过程中，应该以公共征信为主、以私营征信为辅，而随着我国征信行业、信用法制环境和社会信用环境的发展完善，私营征信机构具有更大的发展潜力，它们将不断发展壮大，并且不断强化其在征信市场中的地位，最终将形成以私营征信为主、以公共征信为辅的市场格局。因此,我国的社会信用体系建设不能采用单一的公共征信模式或者是私营征信模式,而应该根据具体国情,同时采用公共和私营两种征信模式。由于两种征信模式各有利弊,我们要以"扬弃"的态度取利除弊,并且在我国社会信用体系建设的不同时期,要适时调整公共征信和私营征信的比重。

2.2.3.4 由国务院成立社会信用体系的领导部门

社会信用体系建设是一个长期的复杂的系统工程,需要有一个专门的领导部门对其进行规划、指导、协调和监管。由上文中对我国现实国情的分析和社会信用体系建设的实际需要可知,我国政府理所当然地成为社会信用体系建设的领导者,但究竟由哪个政府部门具体负责,是组建新的领导部门,还是由原有的某个政府部门直接领导,在社会信用体系的领导权问题上至今没有定论,甚至一度出现"中国社会信用体系建设之争",即中国人民银行(中华人民共和国的中央银行)、国家发展改革委和商务部三个部委争夺社会信用体系的领导权。中央银行作为金融机构的领导者掌握着海量的银行信用记录,国家发展改革委作为国家宏观调控部门具有综合规划、协调和管理职能,而商务部认为应该成立一个由商务部主导的第三方中立机构担任领导者。近年来,三部委各自牵头分头建设了不少信用体系工程,如中央银行组建的个人信用信息基础数据库,国家发展改革委在上海、北京等地启动了社会信用体系试点工程,商务部依托国家"金关工程"已经实现了全国近百个城市和十几类政府部门的信息共享,并计划用五年时间打造全国最大的企业信用信息数据库。实际上三部委的信用体系领导权之争已经形成了经济学中的"公地现象",这一方面造成重复建设、社会资源的大量浪费、沉默成本的增加;另一方面,多头管理造成信用中介市场和信用信息服务机构的混乱,制约了信用信息服务业的健康发展,使得信用信息共享难以迈上一个新台阶[1]。

为尽早结束社会信用体系建设中的"公地悲剧",我国应该尽快确立明晰的信用体系领导权。由上文中我们看到,在领导权问题上,中央

---

[1] 刘骁. 信用信息共享模式与激励机理研究[D]. 上海:上海交通大学,2006.

银行、国家发展改革委和商务部三个部委各执一词，都具有看似合理却不充分的理由。但事实上，三个部委都不是最合适的领导者，笔者认为，我国应该尽快成立一个由国务院领导的独立于现有政府职能之外的专门的权威信用体系领导机构，该机构既要具备一定的规划、协调和动员能力，又要保证自身的公正性和中立性。

总之，在社会信用体系模式选择问题上，我国必须要坚持一切从国情出发的原则，纯粹的私营制、公共制和会员制三种模式都不适合我国社会信用体系建设的现实需求，必须要在借鉴国外经验和结合本国国情的基础之上，努力探索出一条有中国特色的发展道路。既要充分发挥政府的主导作用，又要确保公共征信机构和私营征信机构的公平竞争和共同发展，在较长一段时期内保持私营征信和公共征信共存的市场格局，在社会信用体系建设初期以公共征信为主、以私营征信为辅，然后逐步过渡到以私营征信为主、以公共征信为辅，而社会信用体系建设的最终目标是市场化运作的私营征信模式。

第3章　以电子政务信息资源共享为基础构建社会信用体系

社会信用体系也称国家信用管理体系或国家信用体系，它是一种社会机制，具体作用于一国的市场规范，旨在建立一个适合信用交易发展的市场环境，保证一国的市场经济向信用经济方向转变，即市场交易方式从以原始支付手段为主向以信用交易为主的健康转变。这种机制会建立一种新的市场规则，使社会资本得以形成，直接地保证一国的市场经济走向成熟，扩大一国的市场规模❶。社会信用体系具有保存信用记录的功能，并通过信用记录的公开实现风险预警和惩恶扬善的目的。市场经济是信用经济，市场经济的发展依赖于相对完善的社会信用体系。一个完整的信用体系是由一系列必不可少的部分或要素构成的，这些部分或要素相互分工、相互协作，共同构成完整的社会信用体系，制约和惩罚失信行为，从而保障社会秩序和市场经济的正常运行。一个完整的社会信用体系都包含哪些内容目前并无定论，不少学者从不同的角度得出了不同的研究结论，有学者认为，社会信用体系从纵向上包含信用管理行业、信用服务市场、信用法律制度等要素；还有一些学者认为，社会信用体系应该从横向上划分为政府信用体系、企业信用体系和个人信用体系三部分。本章所探讨的以电子政务信息资源共享为基础的社会信用体系包含一个核心、四个保障机制和五个支撑环境，它以信用信息管理为核心，以激励约束机制、监管机制、标准化机制和信息安全机制为保障，并以相应的法律、政治、文化、技术经济等外部环境为支撑，这三个方面构成一个完整的社会信用体系。

---

❶ 百度名片. 社会信用体系[EB/OL]. [2009-06-30]. http://baike. baidu. com/view/1478540. html? wtp = tt.

3.1 基于电子政务的信用信息管理

电子政务是互联网发展与政府改革相结合的产物,互联网为政府提供了能够更好地为居民和企业服务的平台。电子政务网络的建立,政府管理中信息技术、办公自动化以及网络技术的普遍应用,可以把一定区域乃至全国的行政机关连接在一起,使知识、信息、人力等各种资源,真正实现共享,提高信息资源的利用效率,并使行政机关具有更大的开放性,从而打破条块分割、互相封闭的局面。如果信用管理机构、信用中介机构和政府网络相连,那么在全国就形成了一个各种信息资源都能共享的信用网络,就为信用信息的开发利用乃至国家信用体系的建立提供了软硬件保证。

我国的电子政务在经历了基础设施建设和应用系统建设两个阶段后,进入了信息资源共享的高级阶段。北京、上海、武汉等地的电子政务共享平台工程已经投入建设。电子政务信息共享平台是为了打破电子政务发展过程中存在的“信息孤岛”,实现各级和各类政府部门互联互通、资源共享和交流协作而提出的。它以先进的信息和网络技术为支撑、以信息资源整合为核心、以资源共享应用为目的,通过制定统一的数据描述标准,定义统一的数据访问接口,为信息的交换和共享提供一个透明的统一服务接口,使各部门原本彼此独立的信息系统或数据库实现互联互通和集成,并保证数据传输过程中的安全性和可靠性。电子政务信息共享平台是一个跨部门、跨地区、跨业务的综合信息系统,对内可以提高政府内部各部门的信息交换、资源整合和合作交流程度,对外可以提供统一的访问入口,便于公众获取政府信息和服务,加强公众与政府间的互动交流。构建电子政务信息共享平台需要借助于先进的信息技术和工具,但这并不意味着单靠技术和工具就能实现,它还需要相应的法律法规、标准规范等作支撑,是一个复杂的系统工程。本书所构建的电子政务信用信息共享平台是电子政务信息共享平台的一种,它以信用信息的开发利用为目的,不仅整合政府部门的信用信息,而且广泛地收集银行、信用中介、企事业单位等社会组织和团体所掌握的信用信息。该平台主要由电子政务网络、信用信息基础数据库和信用信息公开网站三个部分组成，是将现有的电子政务基础设施、信息资源加以整合利用，旨在为信用信息的采集、加工、传递和公开提供一个支撑环境与操作平台。一般来说，构建一个能够支撑信用信息共享的电子政务网络共享平台需要经过政务网络互联、信息资源整合和信用网站建设三个步骤。

电子政务信用信息共享平台如图 3-1 所示。

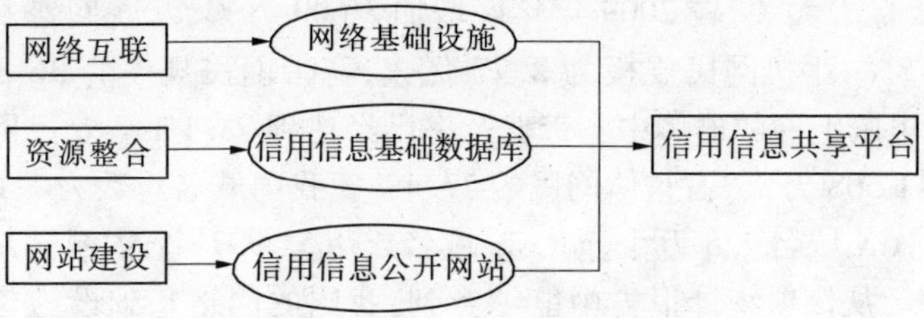

图 3-1　电子政务信用信息共享平台

3.1.1　电子政务网络互联

近年来，我国的电子政务发展速度很快，尤其是在基础设施建设方面国家投入了巨额的资金，工商、公安、税务等部门正在致力于开发自身的业务应用系统。但由于我国不同地区以及同一地区的不同部门的信息化建设水平相差很大，各地区各部门各自为政分头开发，信息资源不能共享，重复建设现象严重，斥巨资购买的硬件和软件设施不能发挥应有的价值，这不仅造成了巨大的资源浪费，而且严重阻碍了我国电子政务的深入发展。我国社会各界已经普遍认识到“电子政务信息资源共享交换平台”时代已经来临，中间件技术在破解这一难题上将发挥巨大的作用。在 2006 年中国电子政务论坛上，国家行政学院公共管理教研部教授汪玉凯指出：“在经历了基础设施建设和应用系统建设热潮之后，电子政务建设目前面临的一个迫切问题是信息资源整合。只有利用科技创新手段，打破行政信息壁垒，实现不同业务之间、不同政府部门之间的信息互联互通、协同应用，才能把电子政务建设向纵深推进,全面提升政府行业的社会化服务能力”❶。

事实上,构建电子政务信息资源共享平台并不需要重新购置硬件和软件设施,而只需利用中间件技术将已有的硬件、软件以及信息资源进行整合。在过去的几年中,中国在网络基础设施建设方面投入了大量的人力、物力,也取得了令人注目的成绩。2010 年 7 月 15 日,中国互联网络信息中心(CNNIC)发布的《第 26 次中国互联网络发展状况统计报告》显示,截至 2010 年 6 月底,中国网民规模达到了 4.2 亿人,突破了 4 亿人大关,较 2009 年年底增加 3 600 万人,互联网普及率攀升至 31.8%;手机网民规模为 2.77 亿人,宽带网民规模为 36 381 万人,使用电脑上网的群体中宽带普及率已经达到 98.1%。农民网民规模达到 11 508 万人,占整体网民的 27.4%。我国域名总数为 1 121 万个,其中,CN 域名 725 万个,gov.cn 域名数达 51 997 个,占域名总数的 0.7%。❷。从该项统计报告中能够看到,我国的网络基础设施建设已经取得巨大成就,互联网普及率显著提高,网民总数不断攀升,越来越多的政府、企业、个人接入或访问互联网络。北京、上海等地更是提出基于电子政务平台建设数字城市的发展构想,这一切都为信用信息共享提供了有利的网络基础条件。因此,构建电子政务信息资源共享平台的重点不在于网络基础设施建设,而在于如何采用先进的中间件技术将这些已有的网络基础设施进行整合,实现各个地区、各个部门、各个业务系统之间的信息传递和资源共享,并且在实现资源整合的同时保证共享平台的安全性、开放性和易用性。目前,国内外的中间件厂商,例如国外的 BEA 和 IBM,国内的东方通科技都已经瞄准我国的中间件市场,开始致力于中间件技术开发,希望在我国的电子政务信息资源共享平台建设和政务信息资源整合中有所作为。

公共信用信息的整合共享是我国社会信用体系建设的重点,基于

---

❶ 腾讯科技.电子政务信息资源共享交换平台唱主角[EB/OL].[2009-07-01].http://tech.qq.com/a/20060614/000204.htm.

❷ 中国互联网络信息中心.第 26 次中国互联网络发展状况统计报告[R].北京:中国互联网络信息中心,2010.

电子政务信息资源共享构建社会信用体系同样需要借助于电子政务信息资源共享平台实现信用信息管理。因此,信用信息共享平台是电子政务信息资源共享平台的一种,或者可以说信用信息的整合共享是电子政务信息资源共享平台的应用领域之一。要实现个人信用信息整合和共享,需要构建覆盖全国、连通各级政府和各类部门的电子政务网络平台,基于此平台方能更加全面高效地采集、加工、存储、传递、发布和查询信用信息。按照信用信息共享的要求,各级政府网络需要从纵横两个方向实现广泛的互联。中央、省、市、县四级政府要纵向互联,工商、国税、地税、质监、海关、药监等部门要横向互联,在全国范围内形成纵横交错、四通八达的电子政务内网平台。另外,银行、学校、通信公司、信用中介等事业单位和社会团体也掌握着相当一部分信用信息,为采集到更加系统全面的个人信用信息,该网络平台还要通过政务外网与这些事业单位和社会团体相联。

3.1.2 整合信用信息资源

信用信息资源建设是社会信用体系建设的关键环节和核心内容,但在我国,政府信息资源的建设一直是一个“老大难”问题。如前文所述,我国80%的社会信用信息分散在海关、质检、公安、司法、财政、审计、银行、工商、税务、证券监管、环保等部门。目前,我国各部委、地方政府及行业协会都在各自的职权范围内建立了或正在建立各种信用信息中心和信用资源库,但由于缺乏统一的规划和组织、相应的标准和规范以及条块分割的行政体制,各信息资源库异构程度高且相互屏蔽,造成大量的“信息孤岛”,导致公共信用信息资源的巨大浪费。因此,对我国目前离散的公共信用信息资源进行整合,有助于实现全社会信用信息共享,发挥其较大的经济效益和社会效益,更好地促进我国社会信用体系建设❶。

在网络互联的基础上,各有关部门要整合信用信息资源,将原先分散于银行机构、政府部门和其他社会机构的个人信用信息借助于电子

---

❶ 丁敬达.我国公共信用信息资源整合初探[J].情报杂志,2008(1):149-150.

政务网络平台进行广泛地采集，按照一定的标准规范进行过滤、核实、格式转换、整合及评级，经过加工整理之后的信息统一存放于个人信用信息基础数据库中。各有关部门应该增强信息公开意识，积极配合征信工作，主动提供和定期更新本部门的个人信用信息。个人信用信息基础数据库不仅能够直接提供信息发布和信用查询服务，还可以作为信用公司开展增值信用服务的原材料，对这些原材料进行二次加工，为用户提供更为专业和优质的信用报告。

目前，有三种比较成熟的机制能够实现信息资源的整合：数据仓库整合机制、中介器和封装器整合机制、代理整合机制。

(1)数据仓库整合机制。数据仓库是为决策支持服务的、面向主题的、整合的、稳定的并随时间动态变化的数据集合。这种整合机制是在同一物理位置集中存放和管理不同来源的信息资源。其优点是有利于实施比信息检索更复杂、更深入的数据挖掘、知识发现等决策支持服务，缺点是难以适应大范围内网络信息类型多样、更新变化快等特点，并且会增加本地系统存储和维护的负担。

(2)中介器和封装器整合机制。这是一种虚拟整合方式，中介器和封装器均为软件组件。其基本原理如图 3-2 所示。用户按全局视图模式进行查询，中介器接受用户查询并在进行初步处理之后提交给相应的封装器，由封装器对相应信息源进行连接并实现查询，然后将查询结果返回中介器，最后由中介器对查询结果进行处理，以统一的形式提供给用户。

这种整合机制不需要在本地存储大量的数字资源，通过统一的检索视图屏蔽了不同数字资源表示的差异，能够适应网络环境下信用信息源高度自治、数量多、更新变化快等特点，更重要的是投资少、见效快，可以在短期内实现。目前，该整合机制是实现数字资源整合的主流方式，如我国著名的 CALIS 就是采用这种整合机制实现的。

(3)代理整合机制。代理整合机制的基本原理如图 3-3 所示，接口代理负责对分布式资源进行处理，将数字资源按照整合系统的表示形式进行描述和转换。中间代理负责接口代理发出的查询请求与所要查询的资源代理进行匹配。

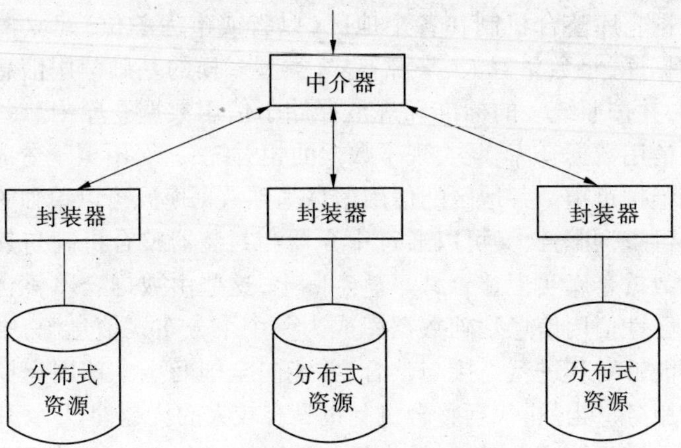

图 3-2　中介器和封装器整合机制基本原理

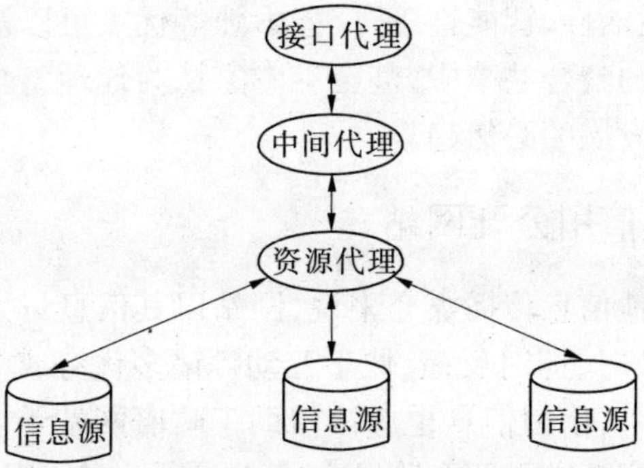

图 3-3　代理整合机制基本原理

这种整合机制最显著的特点是代理程序(Agent)能够处于移动计算环境中,使得各种移动设备也能加入到使用整合系统当中。行业协会是由行业成员组成的自律性组织,对行业信用具有重要的监管和服务功能,但经营的流动性使行业成员使用移动设备(如 PDA 等)十分频繁。因此需要通过移动设备对行业成员进行信用信息监督管理和提供服务。所以,对行业内信用信息资源的整合宜采用代理整合机制。

这三种信息资源整合机制各有利弊,笔者认为以电子政务信息资源整合为基础的社会信用体系可以同时采用以上三种整合机制,首先采用数据仓库整合机制在各个地区（以省或市为单位）建立信用信息基础数据库，将数量巨大、来源各异、类型多样的基础信用信息进行加工整理，并按照统一的标准和规范存储于信用数据仓库中。各地区分别建立信用数据仓库，既实现了数据的相对统一，又不至于造成太大的存储和维护负担。各地区的信用信息基础数据库既可以单独为本地区用户提供查询服务，又可以通过中介器和封装器整合机制与其他地区的信用数据仓库实现整合共享。实际上，这些由数据仓库整合机制生成的地区性信用信息基础数据库成为一个个分布式信息源，中介器和封装器能够对其进行连接与整合，并能向全国乃至全球用户提供统一的查询服务。当然，代理整合机制也具有较大的优越性，尽管代理整合机制目前还不够成熟，难以成为目前主流的整合机制，但代理整合机制为我们提供了许多可供参考借鉴的优秀思想和方法，尤其是代理程序（Agent）以其灵活性、智能性、适应能力强等优点可以被广泛地应用于信用信息资源的整合共享中，甚至有专家认为代理整合机制将是数字信息资源整合发展的必然趋势。

3.1.3 建立信用公开网站

相对于其他信息传播媒介来说，网站以其信息量大、内容丰富、受众广泛、更新及时、即时反馈、便于互动等诸多优势成为目前主要的信息公开方式之一，信用信息也应该借助于政府网站予以公开。在经历了网络互联和资源整合两个阶段之后，还需要一个信用公开网站，为用户提供统一的服务界面。一个完整的电子政务信用信息共享平台包含电子政务网络、信用信息基础数据库和信用信息公开网站三个部分，信用信息公开网站以信用信息基础数据库为后台支撑，向用户提供信用信息公开和信用信息查询服务，信用信息公开网站是电子政务信用信息共享平台的一部分，是信用信息共享平台的前台服务窗口。目前，我国已经出现了一大批信用类网站，这些网站规模不等，内容各异。在实际的访问中，笔者发现这些信用网站的性质也各不相同，网站域名有以org 结尾的，如中国信息协会信用信息服务专业委员会网站（http://www.ciia-cc.org.cn/），有以 com 结尾的，如中国信用记录网（http://

www.21315.com/#/)，还有以 gov 结尾的，如浙江信用网(http://www.zjcredit.gov.cn/)。这些信用网站大部分都没有信用信息后台数据库支撑，只能包含国内外及本地区信用动态、信用政策法规、信用知识、本地守信企业展示和失信企业公示等栏目，并不能提供企业和个人的信用信息查询服务。也有少数信用网站依托本地的信用信息数据库提供信用查询服务，如湖北省企业信用网站就开辟有信用查询专栏，可以以企业名称、注册工商号和法定代表人为条件查询湖北省某一企业的信用状况。

信用网站上公开信用信息的形式主要包括主动发布和用户查询两种。企业的信用信息多以主动发布为主，目前许多省市都已经在政府网站上定期公布本地企业的守信“红名单”和失信“黑名单”。例如，广州市工商局就为本市企业建立了户籍式信用档案，并根据信用状况对企业进行评级，分为 A、B、C 三个等级，在广州市整顿和规范市场经济秩序信息网页上予以公布。但需要说明的是，由于个人信用信息尤其是负面信息，较多地涉及个人隐私问题，一般不会采取主动发布方式，而是在政府网站上设立查询站点。社会公众、政府部门、信用中介公司等都可以通过电子政务外网访问信用信息公开网站查询个人信用信息。为保护个人隐私，确保个人信用信息被用于合理和合法的目的，用户的查询权限和信息的公开范围往往还会受到各种限制。例如，查询者需要说明查询目的，系统需要对查询者的身份进行核实，并如实记录信用信息的查询和使用情况。

总之，电子政务信用信息共享平台包括电子政务关网络基础设施、信用信息基础数据库和信用信息公开网站三个部分，在经历电子政务网络互联、信用信息资源整合和信用网站建设三个步骤之后就初步构建了一个基于电子政务的信用信息共享平台。尽管目前我国还没有构建出覆盖全国、连通各级各类政府部门的大规模的电子政务网络共享平台，但基于电子政务网络整合和共享信用信息资源已经不再只是一个理论构想。北京、广东、湖南等省市已经开始注重电子政务与信用体系建设的紧密结合，积极将基于电子政务网络实现信用信息整合和共享的理论构想付诸实践。广东省在 2003 年 11 月发布的《广东省人民政府办公厅印发关于全面推进我省企业信用信息网建设意见的通知》中明确指出:"根据我省电子政务建设总体规划,企业信用信息网是电子政务的重要组成部分,其网络系统必须建立在全省电子政务网络上。"按照该意见要求并结合本地的实际情况,汕头市坚持"资源整合、互联互通"的原则,利用已有的网络资源,将当地政府机关和各经济管理部门原先相互独立的网络互联起来,形成全市统一的电子政务网络平台,并在充分保障安全的前提下尽量利用各个经济管理职能部门已经建立并运行的业务数据库,实现了信息资源的合理利用。目前,全市已建成拥有61 483户企业和中介机构的信用信息数据库,汕头信用网点击数已逾100万人次,随着信用建设的深入开展,农村信用体系建设也已在该市由点到面铺开,当地老百姓也从正反对比中实实在在地感受到了开展信用建设的好处[1]。

3.2 信用信息管理过程

如图3-4所示,信用信息管理是一个完整的过程,从原始信用信息的收集开始到信用报告的生成和应用为止,主要包含信息采集、加工、利用等一系列阶段。信用信息的采集、加工、存储、传递和公开都可以基于电子政务信用信息共享平台得以实现。下面我们将把信用信息管理的整个过程划分为采集、加工、应用三个阶段,探讨在电子政务信用信息共享平台支撑之下,如何实现个人信用信息的开发与利用,将三个阶段所包含的具体内容和涉及的相关问题进行详细的说明和论述。

3.2.1 信用信息采集

3.2.1.1 信用信息采集的对象

信用信息采集的对象是指被调查的信用主体,在社会经济生活中能够从事信用活动的主体有政府、企业和自然人,但大部分国家和个人

---

[1] 南方网.广州电子政务冠全国 信用建设全面提速[EB/OL].[2009-03-30].http://www.gdcredit.com.cn/credit/xydt/200509/29.html.

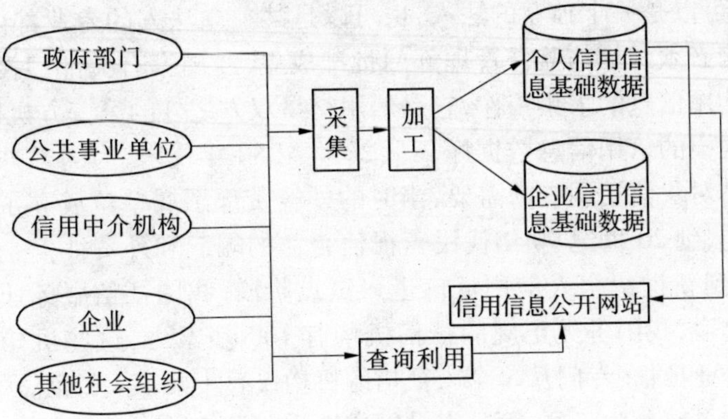

图3-4　信用信息管理过程

的征信对象一般仅限于企业与个人。当然,也有少数国家或地区同时对政府、企业和个人三类信用主体的信用信息进行采集,例如浙江省的官方信用网站——“信用浙江”就划分为政府信用、企业信用和个人信用三个服务频道。我国社会信用体系中的信用信息采集对象也主要包括企业和个人两类,所有在我国的工商管理部门登记注册依法成立的企业,在我国境内从事商业经营活动或者与我国的企事业单位有业务往来关系的国外企业,拥有正常的民事权利和能力的我国公民,以及在我国境内从事生产和经营活动的外国公民都可以作为信用信息的采集对象。一般来说,企业和自然人作为民事主体在民事活动中享有平等的地位,但两者在财产关系、人身关系、经济实力、收入来源、信贷情况等方面都不相同,因此企业信用信息和个人信用信息采集的种类、方式、范围、手段等也各不相同。由于企业的失信行为成为我国市场经济发展的主要阻碍因素,所以近年来我国社会各界对于企业信用的关注远远超过了对于个人信用的关注程度。国内已经有许多省市都开始致力于企业信用信息系统的建设,也出现了一批从事企业信用信息服务的征信公司。

3.2.1.2　信用信息的采集机构

征信机构是指依法设立的专门从事征信业务即信用信息服务的机

构，它可以是一个独立的法人，也可以是某独立法人的专业部门[1]。征信机构必须经征信监督管理部门批准成立，经国家有关部门授权专门从事信用信息的采集工作，它是信用交易双方之外的第三方机构，拥有一定规模的信用信息数据库。从 20 世纪 80 年代末，为满足外贸企业对交易对象信用调查的需要，当时的外经贸部下属单位成立了信用调查机构，到 20 世纪 90 年代民营征信企业的崛起和外资征信企业的进入，再到新世纪个人信用征信进入试点阶段，我国征信服务业初具雏形。迄今，我国各类正规的征信机构有 100 多家[2]。这些机构大部分从事企业征信，专门从事个人征信的机构仅有十几家。目前，国内的征信机构可以分为三类：第一类是国有性质的征信机构，如中国人民银行组建和维护的个人信用信息基础数据库。第二类是外资征信机构，如邓白氏公司、ABC 公司、TCM 公司等，主要面向跨国公司提供企业征信服务。第三类是民营的征信机构，如北京北达国民征信公司、金诚国际信用管理有限公司等。第一类属于公共征信模式，一般由中央银行负责组建和运营，强制要求相关金融机构向系统提供信用记录，生成的信用信息也只能在其成员内部共享。第二类和第三类属于私营征信模式，这类征信机构自负盈亏，并以盈利为直接目的，信用信息在全社会实现共享，所有持合理使用目的的社会组织和个人在付费之后都可以获取信用报告。由于我国的征信行业起步较晚，市场需求严重不足，目前国内的民营征信机构虽然大多以盈利为目的，但其中大部分还是与政府部门有着特殊的关系，并不是完全的独立自主经营，实际上是介于公共征信和私营征信之间，如上海资信有限公司和北京信用管理有限公司。基于电子政务网络构建大规模征信系统，政府将在征信过程中发挥特殊的重要作用。从事征信工作的机构必须是由政府组建的官方性质征信机构或者是受政府委托的半官方性质的征信公司，我国的自

---

[1] 人民银行哈尔滨中心支行征信管理处. 个人信用信息基础数据库及相关征信知识释疑[J]. 黑龙江金融，2005(3)：47-48.

[2] 新华网. 我国征信行业已初具规模 [EB/OL]. [2008-06-10]. http://news.xinhuanet.com/employment/2005-12/13/content_3915744.htm.

然人数和企业数都是巨大的,完整的个人信用信息数据库和企业信用信息数据库至少需要包含近10亿自然人和1 000多万家注册企业的信用记录,对于任何私营征信机构而言都不可能建立起这样庞大的信用信息基础数据库。加之我国信用体系起步较晚,信用信息严重分散于各政府部门的现状,只有借助于政府的财力和动员力才能在短时期内组建大规模的基础数据库。私营征信公司可以在此基础数据库之上进行二次加工,开展各类增值信用信息服务。

3.2.1.3 信用信息采集的范围

一般来说,信用信息采集的范围应该是与主体的信用交易有关,是能够反映主体信用状况的信息。个人信用信息的范围可以是反映个人立身、立言、行事的所有信息❶,个人信用信息可以分为五类:第一类是个人基本资料,通常包括姓名、性别、年龄、籍贯、学历、职称、婚姻状况、住址、电话、工作单位、工资收入等。第二类是银行信用记录,主要是指由商业银行提供的自然人在个人贷款、贷记卡、准贷记卡、担保等信用活动中形成的交易记录。这类信用记录构成个人信用信息的最主要内容,因为从国际经验看,征信数据的主要来源是银行。例如,调查数据显示,美国征信数据的80% ~90%来自于商业银行❷。第三类是社会公共记录信息,包括个人在水、电、煤气、通信等公用企业的消费和缴费记录等信息。第四类是个人的奖励与荣誉记录,指个人所获得的荣誉称号和受到的特殊奖励信息,此类记录在个人信用评级时可以作为特殊加分项目。第五类是不良记录信息,主要指有无刑事、行政与民事违法记录,如法院判决的迟延执行或不执行记录,受税务、工商等部门的处罚记录,以及个人在学校和工作单位的处罚记录等。一般征信系统中还收录有个人信用信息的查询记录,主要记录哪些组织或个人,在什么时间,因何目的查询和使用了被征信人的信用信息。该类信息不能反映个人的信用状况,也不能参与信用评级,但它却真实地反映了信用信息的查询利用状况,因此大部分的征信系统都会包含这类信息。

---

❶ 周悦丽.个人信用信息的法律保护研究[J].法学杂志,2007(4):158-160.

❷ 田泽.征信数据元标准:信用信息共享的助推器[N].经济日报,2007-07-04(10).

企业信用信息是指能够反映企业信用状况、履约能力和经营能力的各种信息，包括企业的工商注册信息、信贷记录、产品质量信息、财务报表、纳税资料、资产状况、房屋所有权及抵押情况、走私记录、诉讼记录、犯罪记录等。这些企业信用信息分别存储于工商管理、银行、技术监督、统计、税务、房产登记、海关、法院、公安等多个部门。另外，行业协会也掌握着相当一部分企业信用信息。企业信用信息包含有企业基础信息、正面信息和负面信息三类。企业基础信息主要包括企业注册登记情况、组织机构代码、专项行政许可，以及行政机关登记的其他有关企业身份的信息；正面信息包括相关法定权威评估机构评定的信用等级证明，相关部门认定的驰名商标或著名商标，通过国家质量标准认证，银行资质证明、按期主动偿还债务记录，获得税务机关纳税信用等级证明、受到其他行政机关、行业组织表彰的记录等；负面信息包含行政处罚、偷逃税骗税或拖欠税务、违法用工、拖欠员工工资、拖欠债务、产品质量不合格、消费者投诉、法院诉讼等不良记录。

为了更加准确地反映主体的真实信用状况，征信机构总是尽可能广泛而全面地征集所有与企业或个人信用有关的信息，但为了保护主体的合法权益，有一些敏感记录是严格禁止采集和公开的。各国的法律都对此有明确的规定，比如个人的种族、家庭出身、宗教信仰、政治归属、身体形态、基因、血型、性取向、个人癖好、病历、遗传病史以及企业的财务、技术、经营信息等都是禁止采集的。英国的《关于隐私权及关联事项委员会的报告书》中，对个人信息的内容范围进行明确界定，指出个人信息是指姓名、出生日期，根据其他记述或个人证件号码、记号以及其他可以识别该人的内容。澳大利亚《联邦隐私权法》规定，信用信息机关对于个人信用信息的主体进行识别时，只能收集必要的信息，不能包含政治的、社会的或宗教信仰的内容，犯罪记录、病历、身体障碍、人种、民族、国籍、生活方式、名声等内容。《欧盟个人数据保护指令》对个人数据收集的范围规定得比较宽泛，仅排除两种情况：一是在共同体法律适用范围以外的活动，二是自然人在纯属于私人的活动领域内的资料使用。美国《公平信用报告法》规定，应对银行及信用调查机关的信息调查采取以下的限制措施：第一，银行自身以及为银行服务的信用调查机关的信用调查和信用报告、对客户账户的审查、征收等必须是银行业务上必要的，必须是认定为正当的行为。第二，成为信用调查、信用报告对象的，只限于判断信用供给所必需的客户的经济生活、职业等方面的信息，必须去除容易对客户造成伤害的信息，不应去涉及客户家庭内的事情，即只限于调查和提供与客户信用有关的。属于敏感性的个人信息，如思想、宗教信仰、健康状况、犯罪的嫌疑、判决及刑罚的执行等信息都不能列入信息调查的范围。就征信国家立法的实践看，各国都通过相关的法律规范对信用信息采集的范围做出限定，但各国对于信用信息限定的宽窄程度各不相同，例如欧盟法律所规定的信用信息采集范围比较宽泛，而美国法律对于信用信息尤其是个人信用信息的限定比较严格。同时，还发现各国法律对于个人信用信息采集范围的限定比对于企业信用信息的限定要严格得多。

我国《上海市个人信用征信管理办法》、《深圳市个人信用征信及信用评级管理办法》、《北京市个人信用征信管理暂行条例》将可以收集的个人信用信息大致限定为各商业银行、政府和其他社会部门掌握的与个人信用有关的信息，如商业银行消费信贷的申请和还贷信息，可透支银行卡的申请、透支与还贷信息，电话通信协议用户的开户、逾期信息，公用事业个人用户的严重欠缴信息，大学生助学贷款的申请与还款信息，等等。那些可能使被征信个人受到歧视的信息如血型、民族、宗教信仰、遗传病史等隐私，与市场主体活动无关的纯粹个人活动信息，与公共利益无关的纯粹私密空间信息，虚假信息，等等，都被剔除在信用信息之外[1]。

基于电子政务网络共享平台实现各级政府部门和各类事业单位互联，越来越多的社会团体和组织会逐步连接到该平台。个人信用信息共享以整合政府部门所掌握的公共信用信息为主，同时还要广泛采集银行、通信公司、信用中介等企事业单位和社会团体所拥有的社会信用信息。与其他的征信方式相比，基于电子政务网络采集信用信息将会更加全面和准确。当然在追求全面的同时，也应该严格地限制信息采

---

[1] 周悦丽. 个人信用信息的法律保护研究[J]. 法学杂志，2007(4)：158-160.

集种类以保护企业和个人的隐私权益。我国应该尽快出台相应的征信法律法规，对信用信息的采集范围作出明确的规定，严格界定信用信息和隐私、商业秘密的范围。我国信用信息的采集范围应当包括个人和企业等信用主体在信贷、贸易、投资、服务等社会经济活动中形成的，反映信用主体经济状况、履约能力、商业信誉等信用能力和信用行为的信息。可征集的信息具体包括：自然人的基本信息，其中包括姓名、性别、年龄、籍贯、学历、婚姻状况、家庭住址、家庭电话、工作单位、工资收入等；法人的基本信息，其中包括名称、住所、单位性质、法人代表、注册资本、银行信贷信息、工商活动信息、纳税信息、行政处罚信息、司法判决信息等。不能征信的信息包括：自然人的私人生活信息，如宗教信仰、民族、病历或身体健康状况、生活方式等；涉及法人商业秘密的技术信息和经营信息也不在信息采集的范围之内❶。

3.2.1.4 信用信息采集的途径

1. 强制呈交

强制呈交是指由国家颁布相关政策要求掌握信用信息的组织和个人必须向征信机构提供信用信息。公共征信模式主要采用强制呈交的征信方式，强制要求商业银行和各类金融机构向公共征信数据库提供信用信息，欧洲征信国家的公共征信系统几乎囊括了所有金融机构所持有的信用信息。一般来说，在信用信息服务行业起步阶段，需要政府深度介入征信工作，凭借行政强制力量能够在短时期之内组建一个较大规模的信用信息数据库。中国人口众多，信用信息又严重分散于金融、政府和其他社会机构，在社会信用体系建设初期，尤其需要依靠强制呈交方式来组建大规模的基础信用信息数据库。我国的中央银行个人信用信息基础数据库就采用强制呈交的信息采集方式，要求全国所有的商业银行必须定期向中国人民银行呈交银行信用记录。基于电子政务网络采集个人信用信息也需要以强制呈交为主要征信方式，以行政命令方式要求各级政府部门、各类事业单位和社会团体定期提交和更新本部门所掌握的信用信息。

---

❶ 白云. 我国征信体系中的信用信息管理[J]. 商业时代，2006(28)：58-59.

但是强制呈交会带来公共征信机构的信息垄断问题,严重威胁到私营征信机构的生存和发展,不利于征信市场的长期繁荣和稳定。国外的征信历史上已经发生过信用信息垄断案,例如,墨西哥银行组织曾成立一个名为 Buro de Credito 的征信局,邓白氏和环联公司发现根本无法与其公平竞争,因为两个公司无法从墨西哥银行获取银行信贷记录,其中一家公司因此而退出墨西哥市场❶。因此,强制呈交仅适用于公共征信性质的信用信息基础数据库组建之初。

2. 合作共享

征信机构与持有个人信用信息的各类机构签订互惠协议,持有信用信息的机构按照协议约定向征信机构提供信用信息,他们由此而成为征信系统的共建单位,享有特殊的会员优惠待遇,可以免费或者以较低的价格获得个人信用报告。协议明确规定了双方享有的权利和承担的义务,双方本着自愿互惠的原则共建共享信用信息。国内外的征信实践证明合作共享能够最大程度地扩大信息采集的范围,充分调动各类组织和部门参与、配合征信的积极性与主动性,并能有效地降低信息采集成本,是一种适合于广泛推广使用的信用信息采集方式。例如,从 2001 年开始,上海资信有限公司与移动、联通、市北自来水、煤气公司等通信和公用事业单位合作。此后,上海市注册会计师协会、上海市租赁协会、上海市住房置业担保有限公司、上汽集团财务公司等先后与上海资信有限公司签署协议,成为上海资信的合作伙伴❷。各类合作单位的加入,使得上海资信的个人信用信息种类和内容日趋丰富,约束力更强,上海资信公司的信用报告也成为良好的社会公示平台,迫于这种公示的压力,很多人与这些合作单位打交道时必须要诚实守信,否则他们的失信行为将会进入征信系统。信用资源共建共享与电子政务的发展目标完全一致,而且政府既是信用信息最大的生产者,也是最大的利用者,因此在基于电子政务网络整合共享信用信息的过程中,为扩大信

---

❶ Tullio Jappelli, Marco Pagano. Information sharing in credit markets: a survey[M]. CSEF Working Paper, 2000.

❷ 刘骁. 信用信息共享模式与激励机制研究[D]. 上海:上海交通大学,2006.

息采集渠道和应用范围、发挥各级部门和各类组织参与征信的积极主动性，合作共享是一种非常值得肯定的信息采集方式。

3. 相互交换

银行、行业协会以及各类政府部门都掌握着大量的社会信用信息，这些单位可以在双方协商一致的原则上签订互换协议，并按照协议约定公平和自愿地相互之间交换信用信息。这种信息采集方式成本低，可以充分实现信用信息共享的目的。与个人相比，企业的交易活动具有相对的稳定性和专业性，企业信用信息较为集中，更加适合于采用互换方式扩大信用信息采集范围。在日本，行业协会间的信息交换是一种重要的信用信息共享方式。行业协会掌握着大量的企业信用信息，各个行业协会在本行业范围内建立了企业征信数据库，行业之间互相交换会员企业的信用信息，这种交换无疑扩大了信用信息的采集范围，从而低成本、高效率地实现了本行业与其他行业的企业信用信息共享。

4. 有偿征集

征信机构明码标价公开对外收购信用信息，由持有信用信息的组织和个人主动向征信机构提供信用信息，征信机构根据有效信用信息的数量向他们支付报酬。这种信用信息采集方式能够广泛调动信用信息持有者提交信息的主动性和积极性，但是信息采集的成本过高，大部分征信机构难以承担，尤其不适合组建较大规模的基础信用信息数据库。基于电子政务网络建设社会信用体系以整合政府公共信息为主，并不适合采用有偿征集方式。

5. 个体提交

企业或个人掌握着最真实全面的有关本企业或本人的信用信息，因为只有自己对自己的信用状况最了解。如果公众普遍对征信表示支持和理解，并且期待信用信息共享能够为自己带来好处，那么公众尤其是守信者会积极主动地向征信机构提交自己的信用记录。但这只是理论构想，在实际操作中是行不通的，即便是在美国这样的发达征信国家，也不曾采用这种信息采集方式。主要原因有两个：首先，个体提交的信用信息的真实性无法保障，理性个体总是趋利避害的，所以大家都会尽可能地夸大正面信息、隐瞒负面信息。其次，信用信息共享是一个公示窗口，“守信是守信者的通行证，失信是失信者的墓志铭”，因此失信者是绝对不愿意主动提供自身的真实信用信息的。

3.2.2 信用信息的加工

3.2.2.1 信用信息的整合

经以上各种途径采集到的原始个人信用信息，只是征信系统的原材料，必须经过一系列的加工处理才能进入个人信用信息数据库。首先是过滤，必须剔除那些无用的、过期的以及法律规定不能收录的无效信息。其次是核实，由于信用报告是要广泛地应用于个人贷款、求职等重要活动中的，虚假的信用信息必然会给个体带来不必要的麻烦和损失，因此征信机构必须要确保信用信息的真实可靠性。采集到的原始信用信息都要经过严格的核实，对于那些来路不明、不能确定真实性的信息要予以剔除，或者做出特殊的标志和说明。再次是格式转换，个人信用信息的种类各异、来源不一，由于缺乏统一的标准规范，各个部门使用的软件千差万别，信息生产和存储的格式不一致，信息保存的完整程度存在较大差异，有相当一部分信息由于技术原因不能使用，甚至还有许多部门仍然沿用传统的手工操作和纸质保管方法。因此，这些信用信息要转换成统一的格式才能进行信用评级以及被存储到数据库中。最后是整合，经过过滤、核实和格式转换的信用信息最后被分别整合到被征信者名下，并以身份证号和姓名为关键字统一存储到数据库中。

3.2.2.2 个人信用信息的评估

个人信用信息评估，也称信用评分或信用评级，是个人信用状况的综合反映，它使用科学严谨的分析方法，对个人及其家庭的资产状况、履约情况、经济承受能力和信誉度进行全面评判与估计，并以一定的符号来表明其信用状况。信用信息评估结果一般以一定的分数或者等级予以表示，结果全面、准确、直观，可以直接作为决策和管理的依据，是信用信息加工整理中的重要一环。例如，美国的征信局普遍采用 FICO 评分方法，能够比较精确地反映、预测企业和个人的信用状况与违约概率。根据一项统计显示，信用分低于 600 分，借款人违约的概率是1/8，信用分介于700～800分，违约率为1/123，信用分高于800分的，违约率只有1/1 292，因此美国商务部要求在半官方的抵押住房业务审查中必须使用FICO信用分[1]。信用评估在国内也比较常见，在构建征信系统之前就已经出现。早在1999年，中国建设银行率先建立了个人信用评估制度——龙卡个人信用等级评定办法。一般来说，个人信用评估的方法主要有两种：经验判断法和信用评分法。经验判断法是凭借工作人员的知识、经验甚至直觉对个体信用状况进行估计和预测，它能够综合考虑环境变化等不确定性因素对未来进行预测，但是误差较大，很容易受评估人主观意愿的影响。信用评分法以丰富全面的信用记录为依据，将数学与统计学的模型和算法应用其中，将各种信用要素进行量化计算，科学、客观、高效。目前，国内外的征信机构一般都是同时采用这两种评估方法，以信用评分法为主，而以经验判断法为辅。

3.2.2.3 信用信息加工的原则

信用信息加工是信用信息管理过程中最为重要的环节，它通过一系列方法和手段将原始的信用信息进行加工处理，生成标准和规范的信用记录，并将其以统一格式存储到信用信息数据库中。信用信息的加工处理需要遵循以下几项原则。

1. 标准化原则

信用信息的加工处理需要在相关标准规范的指导之下完成，特别是信用评级更要严格遵循信用评价标准，经加工处理之后的信用信息还需要以标准的格式规范存储于信用信息数据库中。

2. 真实性原则

信用信息加工必须忠于原始信息，对原始信息进行筛选、核实、格式转换、整合和评估，信息加工人员不能改变原始信息的内容，不能添加任何带有个人主观意愿的东西，不能歪曲、篡改信用信息，更不能恶意串通为企业或个人制作虚假信用记录。

3. 安全性原则

信用信息包含大量的有关企业或个人的敏感信息，具有十分重要

[1] 雷洪光. 个人信用特征及制度构建[D]. 成都：西南财经大学，2004.

的经济价值与战略意义，因此信用信息加工处理过程中一定要贯彻安全性原则，要有严格规范的安全和保密措施，防止信用信息被窃取、篡改或破坏。

4. 高效性原则

信用信息具有一定的时效性，用户也总是希望能够获得最新最全面的信用信息。因此，信息加工人员应该在保障准确和安全的前提下尽可能地提高加工处理的效率，保证采集到的原始信用信息及时准确地得到处理，保证信用信息数据库得到及时更新。

5. 经济性原则

经济性原则一是尽可能选择性价比高的信息加工技术或工具，一切以满足需要为前提，不能盲目追求技术上的先进，不能贪大求新；二是信用信息加工处理的方法和手段应该尽量简洁，易于操作，避免不必要的复杂化操作，缩短处理流程，简化处理环节，降低处理费用。

3.2.3 信用信息的利用

3.2.3.1 信用信息利用的原则

信用信息利用的原则如下：

1. 保证信息的完整性和真实性

只有完整和真实的信用信息才能反映出个人的信用状况与信用能力，虚假和错误的信息只会给用户及个人带来不必要的麻烦与损失，因此征信机构必须保证其采集的信用信息和出具的信用报告的准确性。征信机构必须对信用报告的内容进行严格的核实，并且及时进行更新。

2. 合理使用原则

为保护个人隐私权，个人信用信息并不是毫无限制的共享，而是必须用于合理合法的目的。国内外的信用法律都对个人信用报告的使用范围做出了明确的限制，查询者、征信机构必须按照法律所限定的合理使用范围使用、提供信用报告。

3. 保护个人合法权益

法律赋予征信机构采集信用信息的权利，同时也赋予其保护个人合法权益的义务。如果因征信机构违规操作或者由于工作疏漏导致个人合法权益受到危害或威胁，权益受损人可以向有关监管部门反映，征信机构要为此承担法律责任和赔偿义务。

4. 公共秩序保留原则

如因保护国家安全、公共秩序、公共利益、公众健康之目的，如银行追查贷款去向、法院调查取证等，上述原则的贯彻实施可以有例外。

3.2.3.2 信用信息的使用对象

1. 行政机关

行政机关在日常监督管理、行政许可、资质等级评定、定期检验、表彰评优、公开招标、拨付财政性补贴资金以及公务员选拔录用、职位升迁、评优评先等公务活动中，都需要查询企业或个人的信用信息，并以信用信息作为管理和决策的参考依据。

2. 金融机构

金融机构在受理企业或个人的贷款、抵押、担保或其他金融服务申请时，需要查阅申请方的信用信息，以申请方的信用状况作为重要的审查和筛选依据，也可以作为金融机构确定信贷金额及利率的重要参考依据。对于那些已经获得贷款、抵押或担保服务的企业或个人，金融机构需要对其实施长期监督，这些企业或个人的信用信息便于金融机构的监督，尤其是信用信息的变动情况能够及时地提示银行机构采取必要措施以防止不良信贷风险。国内外的征信实践表明，信用信息能够显著降低金融机构在信息不对称的情况下所面临的不利选择和道德风险，因此许多银行都已经将信用信息作为审批和管理贷款的必查项目。

3. 私营征信公司

私营征信公司不仅是信用信息的生产者，同时也是信用信息的使用者。公共信用信息基础数据库是私营征信公司开展征信工作的一个重要信息源，对于那些大量的有关企业或个人的基础信用信息，私营征信公司没有必要重新进行采集和加工，而能够以较低的成本从公共信用信息基础数据库中获得，私营征信公司可以在此基础之上开展二次加工和增值服务，为消费者提供更为全面、更加专业或更有针对性的信用信息产品。

4. 企业、个人和其他组织

企业、个人和其他组织在开展信用交易或其他活动中,也需要使用信用信息,判断对方的信用状况。例如,企业在招聘新员工、选择贸易伙伴时都需要查询有关个人或企业的信用记录。实际上,信用信息的使用对象是非常广泛的,随着我国信用制度的不断完善,应该像西方征信国家一样,把信用记录当做是“第二身份证”和“社会通行证”,所有的个人、企业和社会组织都应该自觉地将信用信息应用于日常事务的处理和决策中。

3.2.3.3 信用信息的使用范围

为兼顾公共利益和个体利益,必须对信用信息的应用范围做出限制,并以法律法规的形式予以确认。各国法律对信用信息的使用范围的限制程度不尽相同,一般来说,法律对于企业信用信息使用范围的限定要比对于个人信用信息使用范围的限定宽泛得多。

公共征信系统对于企业信用信息多采用主动公开方式,并且鼓励所有的企业、个人和社会组织积极主动地使用企业信用信息。行政机关在对企业进行日常行政管理和政府招标、采购过程中,金融机构在审查贷款、抵押、担保等金融服务申请时,公民、法人或其他组织在合作开发、商业投资、商务采购、经营决策等商务活动中都可以使用企业信用信息。所有的社会组织和个人都可以查询企业信用信息,现有法律规范中没有要求查询者必须获得被查询企业同意或者需要持有合理使用目的。许多省市的官方信用网站上还对本地的守信企业和失信企业进行公示。也就是说,除原有法律所规定的商业秘密外,几乎所有的企业信用信息都是可以公开的。

为保护个人隐私权益,法律对于个人信用信息使用范围的限定要更为严格。查询者必须向征信机构说明其使用目的,征信机构也必须按照法律限定的范围决定是否允许其查询使用。按照国际惯例,个人信用信息在用于以下几种目的时无须征得本人同意:

(1)商业银行在进行贷前和贷后审查时;

(2)用人单位在对员工进行雇佣或考核时;

(3)公安司法部门在进行法律调查时;

（4）其他合法业务，必须是为维护国家安全或公共利益，须经有关部门批准执行。

除以上几种情况外，必须征得本人同意才能进行查询和使用。目前，我国中央银行个人信用信息数据库对个人信用信息使用范围的限制更为保守，《个人信用信息基础数据库管理暂行办法》规定，个人信用信息的使用范围仅限于银行系统内部：

（1）审核个人贷款申请时；

（2）审核个人贷记卡、准贷记卡申请时；

（3）审核个人作为担保人时；

（4）对已发放的个人信贷进行贷后风险管理时；

（5）受理法人或其他组织的贷款申请或其作为担保人，需要查询其法定代表人及出资人信用状况时。

另外，世界各国都规定个人可以持本人有效证件不受限制地查询本人的信用信息，有些国家甚至规定征信机构必须定期向个人主动提供免费的信用报告。

基于电子政务网络共享信用信息以信用网站为主要公开渠道，但共享并不意味着完全公开。为保护个人隐私，信用网站不应主动发布个人信用信息，而应设立查询站点。政府部门、事业单位和社会公众可通过政务外网访问信用网站。用户需提交真实有效的身份信息和使用目的才能进行查询。网站系统负责对查询者的身份进行审核，确保个人信用信息只用于合法合理使用的目的。对于企业信用信息，可以适当扩大公开和使用范围，也可以主动公布守信企业和失信企业名单，但在企业信用信息的管理中也需要严格区分商业秘密，在专门的企业信用法律法规颁布之前，应该在《中华人民共和国保守国家秘密法》（简称《保密法》）、《中华人民共和国反不正当竞争法》和国家工商局《关于禁止侵犯商业秘密行为的若干规定》的指导之下开展企业信用信息的管理和公开工作，特别要注意保护企业的非专利技术、客户信息和经营信息等直接关乎企业生存的重要信息。

3.2.3.4 信用信息使用中的异议处理

为保证信用信息的准确、客观和公正，各国征信法律都赋予被征信人异议权和修改权。所谓异议权,是指消费者对自己征信报告中不真实的信息,有提出不同意见的权利。所谓更改权,是指消费者对自己信用报告中不真实的信息,有提出修改的权利。此项权利的规定,一方面对征信机构信息的准确性起到监督作用,另一方面,赋予消费者维护自己合法利益的权利❶。美国《公平信用报告法》规定,如果消费者对其档案中任何信息的完整性和准确性提出争议,且消费者将该争议直接通知该机构,该机构必须自接到该通知之日起30日内免费进行重新调查,并将调查结果及时通知所有相关争议信息的提供者,不准确的信息必须被纠正或删除。我国中央银行颁布的《个人信用信息基础数据库管理暂行办法》,对异议处理也有专门的规定,当个人认为本人信用报告中的信用信息存在错误时,可以通过所在地中国人民银行征信管理部门或直接向征信服务中心提出书面异议申请。中国人民银行征信管理部门应当在收到异议申请的2个工作日内将异议申请转交征信服务中心。征信服务中心应当在接到异议申请的2个工作日内进行内部核查。若征信服务中心发现异议信息是在个人信用数据库信息处理过程中造成的,应当立即进行更正,并检查个人信用数据库处理程序和操作规程存在的问题。

为保证信用信息的准确性,所有的征信机构都应该允许被征信的企业和个人对信用信息提出异议与申请更正。征信机构应该在规定时间内对异议信息进行核查,经核查异议信息确属在征信机构信息处理过程中造成的,应当立即更正;属信用信息提供人引起的,应当立即通知信用信息提供人核查并做出解答。信用信息提供人应当在接到核查通知之后在规定时间之内做出答复。征信机构应当根据信用信息提供人的答复,在规定时间内按下列情况做出处理:

(1)异议信息经核实确有错误的,应当及时予以更正并在原披露的范围内予以公告;

(2)异议信息经核实无误的,应及时通知被征信的企业或个人;

(3)被征信企业或个人仍持有异议的,可以在信用信息披露和使

---

❶ 雷继平.个人征信系统与个人信用信息保护[J].法律适用,2006(1):76-79.

用时标明被征信企业或个人的异议及理由；

(4)异议信息无法核实真实性,无法按照被征信企业和个人提交的资料进行修改的,允许被征信企业或个人在其信用记录中对相关内容增加附注声明,征信机构应当对处于异议处理期的信用信息予以标注。

另外需要说明的是,许多征信国家都规定征信机构必须定期向被征信的企业和个人提供免费的本企业或本人的信用记录,或者规定将信用记录的变更情况通知当事人,这样被征信的企业和个人能够发现自己信用记录中的错误,能够及时向征信机构提出异议。事实证明,这种方式更容易发现和纠正错误,能保证企业和个人信用记录的准确性。在一次跨国研究中,米勒发现被调查的43个私营信用局中有25个都向消费者提供免费的信用报告,以此来找出并更正错误;有不到一半的信用局采用统计或建模技术来找出错误[1]。

3.3 社会信用体系的保障机制

信用监管机制、激励约束机制、征信标准化机制、信息安全保障机制等信用保障机制构成社会信用体系的第二层次内容,它为信用信息的整合共享提供了各方面的保障。尽管以电子政务信息资源共享为基础的社会信用体系以信用信息管理为核心,但离开了相应的保障机制,信用信息管理工作根本无法开展,社会信用体系也难以实现应有的价值。离开了信用监管机制,信用市场和信用行业会陷入一片混乱;没有激励约束机制,信用信息只是一堆垃圾,根本无法发挥其惩恶扬善的社会功能;缺乏法律保障机制,社会信用体系将面临重重发展困境,甚至可以说是寸步难行;安全保障机制使信用信息能在安全的环境中实现整合和共享,能为社会信用体系建设提供坚强的后盾。

3.3.1 信用监管机制

征信监管的目的是保护数据主体(企业和个人)的利益而实施征

---

[1] 黄凌.个人信用信息登记及使用[D].北京:对外经济贸易大学,2004.

信法规，并以此促进信息共享，规范征信机构的行为，维护征信市场的正常秩序，促进征信市场健康稳定发展。国内外的实践表明，个人信用信息共享机制的规范运作和信用信息服务行业的有序发展，离不开信用监管部门的监督和管理。各征信国家都有专门的征信监管部门，即便是像美国这样完全市场化运作的征信行业和征信市场也需要相应的信用监管机制。美国的征信监管部门是全世界最为完备和有效的，主要分为两类：一类是银行系统的机构，包括财政部货币监管局、联邦储备系统和联邦储蓄保险公司；一类是非银行系统的机构，包括联邦贸易委员会、司法部、国家信用联盟办公室和储蓄监督局[1]。

信用监管机构是整个社会信用体系的重要组成部分，也是促进信用信息资源建设和规范信用信息服务行业发展的强大保障。因此，我国在开发利用信用信息资源和构建社会信用体系的过程中也必须要成立专门的信用监管机构，信用监管机构主要承担以下几种监管职责：

（1）对信用体系建设工作进行统一的规划和协调；

（2）制定信用信息管理的有关法律规范，并负责解释、监督和执行；

（3）依法批准和注销征信机构；

（4）对有违法违规行为的征信公司进行追查和处罚；

（5）对征信机构、被征信人以及用户之间有关信用信息的纠纷作出仲裁。

由于我国信用信息服务行业起步较晚，目前尚未成立专门的征信监管部门，由中央银行暂时代理部分监管职责。各地方信用体系的规划、建设和监管主要是由地方政府牵头组建的地方信用体系建设领导小组负责的，全国还没有成立统一的专门信用监管机构，这实际上也已经成为制约我国信用信息服务行业发展和社会信用体系建设的一大因素。目前，我国没有相应的法律法规来明确征信机构“是什么、做什么、怎么做、谁来管、怎么管”，这造成各类信用中介机构性质不清、归

[1] 谭中明. 社会信用管理体系——理论、模式、体制与机制[M]. 合肥：中国科学技术大学出版社，2005：146.

属不明，进而导致多头监管与无人监管的状况并存。目前征信市场监管存在一系列问题，严重影响了征信业发展的步伐，也制约着社会信用体系的建设速度。

3.3.1.1　征信市场监管存在的问题

1. 征信监管主体各自为政，难以形成统一的市场监管

这里的征信监管主体是指由谁来对征信体系进行监管。目前，我国对征信体系的监管至少有六个主体部门，包括中国人民银行、经贸委、工商局、税务局、商务部等。对这些部门的征信监管权限并没有明确规定，管理的突出问题是多头开花、群龙无首，造成了征信市场无章可循、无法可依，处于一种多头管理、政出多门的混乱状态。这种格局使得全国统一的征信市场难以形成，社会中介机构的市场竞争生存空间受到阻碍，其社会效果必然是重复建设、资源浪费。

2. 征信监管客体界定不清，难以实施全面的市场监管

从理论上说，征信监管客体可以分为三个方面：征信机构、征信业务和征信市场，其中征信机构应是征信监管的重点。我国目前并没有明确规定什么样的社会中介机构可以从事征信业务以及征信业务的市场准入条件和准入机制。就目前情况看，从事征信业务的机构大致有以下几个方面：

第一，政府行政部门直接从事信息的收集、归类和查询服务，如人民银行建立的银行信贷登记咨询系统；

第二，由政府主管部门派生或隶属的“三产”类中介机构，其征信业务直接依赖于政府主管部门的行业指令；

第三，独立的专门从事征信业务的社会中介机构，如资信评估公司等。

从严格意义上说，征信监管的客体应当是第三类的社会中介机构。但是在我国，从事征信业务的不仅仅是第三类中介机构，因此对这类中介机构的监管远远不能覆盖全部征信市场。

3. 征信行业垄断现象严重，难以进行公正的市场监管

这一问题突出表现在资产评估行业中，资产评估收费是按照资产评估价值的一定比例收取的，相对于担保行业来说属于利润丰厚的行

业,在众多有资质开展该项业务的机构中形成了激烈的竞争。诸多行政事业机构,利用自己手中的权力加大对市场的占据,形成较为严重的不公平竞争。目前,有资质对各类资产进行评估的行政事业单位有土地局、房产局、工商局、物价局、车管所等,他们利用自己的行业优势对行业内的资产评估形成垄断,而具有同样资质的咨询公司、会计事务所等社会评估机构由于评估结果不能得到相关部门承认,业务很难开展,行业垄断带来的竞争行为很不规范。在监管主体各自为政的情况下,征信市场监管也很难达到公正合理的目的。

4. 征信行业缺乏自律机制,难以达到规范的市场监管

目前,我国征信行业还没有建立行业协会组织,行业内普遍缺乏自律机制。如目前会计师事务所的管理部门主要是中国注册会计师协会和财政部,房产评估公司的管理部门主要是建设厅和房地产协会,土地评估公司的管理部门主要是国土资源厅和土地估价师协会。国家也没有出台专门的评估法,各个行业各行其是,行业自律程度松紧不一,中介业务标准程度不一,给规范监管带来的难度也很大,不利于中介机构的发展、成长。此外,从业人员业务素质普遍不高,还可能存在着诚信与职业道德问题,这也给规范监管带来很多问题,严重影响了我国征信行业的进一步发展。

5. 法律法规建设滞后,难以做到有效的市场监管

目前,我国的法制建设逐步走向成熟,各种法律法规随着社会发展和经济建设需要应运而生,但征信立法工作仍然相当滞后,尽管在《中华人民共和国民法通则》、《中华人民共和国合同法》和《中华人民共和国反不正当竞争法》中规定了诚信守法的法律原则,在《中华人民共和国刑法》中规定了对诈骗等犯罪行为的处罚,但缺少与信用制度直接相关的立法,特别是《征信管理条例》目前还处于征求意见阶段,迟迟没有出台。不仅如此,在政府开放必要的企业和个人资信信息及数据方面,界定政府信息数据的开放与保护国家秘密的关系、企业信用数据的开放与保护商业秘密的关系、个人信用数据的开放与保护个人隐私的关系等方面也没有明确的法律制度和规定,征信数据的收集和应用十分困难。对于现有的信用中介、评级公司等征信企业无完备的法律

法规和行业规范约束，对其经营行为，也无促使其发展的制度框架，使征信市场的监管一直处于法律指导不够或者法律指导严重缺乏的工作状态，监管的约束力大大减弱。

3.3.1.2 对征信市场进行有效监管的措施

规范我国的市场经济秩序，建立社会信用体系，是一项复杂而艰巨的系统工程，包括许多方面的内容。但征信监管体系的完善无疑是建立社会信用体系的一个至关重要的组成部分。针对我国征信市场监管中存在的问题，我们认为，当务之急应从以下几个方面强化对征信市场的有效监管。

1. 成立监管机构，统一行业监管标准

征信业混乱无序状态的原因，根本上在于既无统一的管理，又无统一的行业标准。目前征信机构的监管涉及中国人民银行、财政部、商务部、经贸委、工商行政等众多部门，从事征信业务的机构更是涉及众多政府机关和事业单位，他们各自为政制定了行业内的征信评价标准，这种条块分割的局面不打破，征信业就很难发展，所产生的征信结果也就很难客观、公正，从而影响征信结果的社会公信力。社会信用体系的复杂性使任何一个政府职能部门都无法完成全面协调和总体规划的任务，因此笔者认为，应当依法成立一个新的、独立的征信管理机关来对征信机构进行管理。由这个独立于现有政府职能之外的机构对我国征信体系建设做出统一规划，对征信行业进行统一管理，可以保持政策的连续性和避免部门利益的冲突。在征信法律制度的构建中，政府的权利由这个专门的行业管理部门代理行使，其法定地位和功能应由法律法规明确规定。

2. 打破行业垄断，推进征信业发展

行政事业单位内部或与其有关联的征信机构，借助权力优势，往往垄断了各自所属行业征信业务，而这种条块分割的局面，一方面在其业务开展中难免会受到相关部门或相关利益人的干扰，也就很难保证评价结果的客观公正性，另一方面也妨碍了社会资源的公平分配，制约了社会征信机构业务开展，使得整个社会的征信业在一种扭曲的状态下发展。这种扭曲，不仅制约了征信业本身，也对整个社会信用的发展起到极大的制约作用。要推进征信业的健康发展，就必须打破这种局面，把所有征信机构全面推向社会，避免各种行政干预，然后通过法制化建设，规范社会性征信业，严格淘汰不规范的社会征信机构，逐步提高征信业准入标准，全面提升征信业的整体素质，推进征信行业朝着符合市场经济规则的方向发展。

3. 加强行业管理，提高规避风险能力

在完善监督管理手段时，要注重建立和充分发挥行业协会的作用，以增强中介行业的自律机制，并与法律法规的逐步完善结合起来。加快制定与建立中介行业内的人员信息交流、教育培训、行业执业技术标准和执业规范。各级行业协会应加强对土地、房地产评估等基层中介机构的行为管理，切实规范中介机构的经营行为，加强监督管理，以有效规避中介人员执业的技术风险、道德风险，确保中介机构之间的有序竞争，从而进一步促进征信业规范有序地发展。

4. 提高人员素质，切实规范中介行为

规范发展中介业务应以执业技术为基础，以道德为支撑。中介业务涉及的知识范围广泛，执业人员需熟练掌握《中华人民共和国宪法》、《中华人民共和国专利法》、《中华人民共和国商标法》、《中华人民共和国企业破产法》等法律知识以及国有资产管理、外资企业管理、产业政策等各类动态知识，从业的要求较高。各行业协会、上级主管部门应定期或不定期地开展对执业人员的培训和学习活动，加强对注册会计师、评估师等的后续教育，同时注重执业人员的思想道德教育，从而进一步提高执业人员的业务素质和道德水平，切实规范中介行为，规避业务风险、道德风险和诚信风险。

3.3.2 激励约束机制

个人信用信息必须通过必要的激励约束机制才能实现其价值，当缺乏信用激励约束机制或者该机制功能不强时，信用信息只是一堆无用的文字记录。激励约束机制把与信用相关的社会力量有机地结合起来，激励守信和惩罚失信，从而保障社会秩序和市场经济健康有序地发展。对于信用等级较高的个人，银行可以提供无担保无抵押信用贷款、增加授信额度、下浮贷款利率、减少贷款审批手续,保险公司可以降低其保费,零售商可以降低信用消费品的价格及利率,用人单位可以优先录用和提拔,新闻媒体也可以对其进行表彰和宣传。总之,要联合各种社会力量充分实现守信者的信用资本。而对于信用质量不佳的企业或个人,可以从以下五个方面进行惩罚:

(1)由政府专业监管部门做出的监管性惩戒,比如监管部门采取警告、罚款、取消经营资格等;

(2)由金融、商业和社会服务机构做出的市场性惩戒,主要是对信用记录不好的企业和个人给予各种限制,例如银行可以拒绝提供信用贷款或者提高贷款利率,保险公司和零售商也可以提高保费或利率;

(3)社会性惩罚,主要是使失信者对交易对方的失信转化为对全社会的失信,使失信者在就业、贷款、购买保险、寻找投资和贸易伙伴等多个方面受到压力;

(4)由司法部门做出的司法性惩罚,主要是针对有严重失信行为的企业或个人,依法追究其民事或刑事责任;

(5)舆论惩罚,通过网络、报纸、电视等各种媒体将失信者公之于众,使其受到舆论的谴责,例如许多政府部门在网站上公布本地企业的"失信黑名单",将失信企业置于舆论的谴责和公众的监督之下。

总之,信用激励约束机制使得"守信是守信者的通行证,失信是失信者的墓志铭"得到贯彻实施,使得信用记录真正成为"通行证"和"墓志铭",让那些失信者四处碰壁甚至于寸步难行。只有在有效运行的激励和约束机制之下,公众才会积极主动地关注自身信用,尽力避免失信行为的发生。

激励约束机制又需要建立在明晰的产权之上,从某种意义上说,产权所有人就是激励约束机制作用的对象,产权意味着产权所有人拥有哪些信用资本,他需要为自己的守信和失信行为得到哪些利益或惩罚。有经济学家认为在市场经济中,失信的根源就在于产权不清晰。信用是立人之本、成事之基,也是国家兴盛的基本因素之一。

在市场经济中,生产自由、交换自由、价格自由,而信用正是维系这种自由的纽带。信用是人们之间的一种承诺关系,是人们信守自己的承诺不予改变的行为选择,也是人们利用承诺来达成某种交换关系的社会活动方式。作为一种承诺关系,信用的实质和核心是诚实,是诚实道德在人们交往中的重要体现。诺贝尔经济学奖获得者诺思说过:“自由市场经济制度本身并不能保证效率,一个有效率的自由市场制度,除了需要有效的产权和法律制度相配合,还需诚实、公正、正义等方面有良好道德的人去操作这个市场。”一个社会中人们相互信任,社会信用环境好,就会持续健康发展。在市场经济社会,信用的价值虽不能用金钱衡量,但信用却是重要的无形资产。货币是传统的市场信用手段,它实际上就是一种信用担保,保证卖者在出让自己的产品后可以从市场上取回等值的产品。银行就是最典型的信用机构。要让储户把自己的钱存入银行,必须让人们确信银行的存单可以保证自己在约定期满后取回本息。随着经济的发展,人们不仅需要在自己的产品交易中建立起社会化的信用关系,而且需要在资源的聚集上建立起社会化的信用关系。在资本市场上公开发行的债券、股票实际上都是以社会的信用制度为基础的。无数事实证明,经济的持续健康发展离不开良好的社会信用环境,而没有良好的社会信用环境,经济发展最终只能退回到物物交换的原始状态。

要构建市场经济的信用制度就必须寻找到一个有形的载体和基础,这样才可以更好地衡量信用。而产权制度恰好起到了衡量信用的作用。产权是信用存在的基础,如果当事者根本不具备产权,就失去了谈信用的载体,信用就无从谈起。因而,只有建立在产权之上的信用才有意义,只有建立在产权之上的信用才能稳定。市场经济下的逐利原则,是市场行为主体违背信用原则的强大内在驱动力量。如果没有惩罚,或者得大于罚,或者侥幸逃过惩罚,人们就可能抛开道德原则,追求利益的最大化。明晰的产权界定是建立明确信用关系的基本前提,有效的产权保护是维护信用体系的必要条件。只有明晰了产权界定,才能明确交易主体之间的权责利关系,才能确定谁来做出承诺,谁对承诺负责,谁应该获得承诺的利益,只有这样才会形成人们讲信用的激励和约束机制。如果产权不明确,信用就难以维持。同样,如果产权得不到有效保护,人们可以通过侵害他人的权益来获取利益,一些具有机会主义行为倾向的人就不会守信用,而是采取巧取豪夺的方式去谋取利益。

信用是以社会利益的多元化、社会财富归属的多层次为前提的。在市场经济条件下,最值得开拓、最有价值的信用资源是资产信用。以产权对等为基础建立起来的信用制度,无形中就将所有市场中参与者的信用程度,按照其拥有产权的大小进行了划分。当事者所拥有的产权大小,实际上代表了其承担信用失效的能力。谁拥有的产权多,谁就拥有更多可利用的信用度。只要自觉地坚持正确的道德理念,就可以充分地使用其产权所代表的信用度。产权范围之外的信用,一旦当事者违背,损失将难以弥补。信用制度以产权约束为基础,就要增强产权的约束力。这种约束力要有完整而明确的产权约束依据,体现在现实中主要是指当事者之间的契约,当事者双方主动地将自身信用限制在产权约束之内,同时要有良好的产权约束机制,体现在现实中就是实施产权约束的手段及方式。在构建信用制度的过程中,产权清晰问题主要是强调产权的归属要清晰、权责要明确。只有产权清晰了,当事者才能对自己享有的权利部分实施信用。相反,如果产权是模糊的,对于某一事物的使用和处置权不明确,就可能出现多方当事者对同一事物实施处置权,在这种情况下,即使每个当事者都是从信用原则出发,也会造成其中部分当事者的信用失效。

经济社会中的所有失信行为,本质上都是对他人权益的侵犯。我国正处在完善市场经济体制的阶段,信用缺失目前已成为严重阻碍市场经济发展的"瓶颈",不仅造成经济关系扭曲,社会交易成本增加,而且败坏社会风气,直接影响了市场经济的正常运行。加快建立符合市场经济要求的现代信用体系,已经成为我国经济社会持续健康发展的必要前提。据统计,近年来我国每年订立的合同约 40 亿份,而履约率只有 50%,经济合同失效问题严重,由于企业间不讲信用,互相拖欠货物货款,构成连环债的资金总额达 3 000 亿~4 000 亿元,占全国流动资金总量的 20%。同时,社会整体缺乏信用风险防范手段,特别是信用传递、披露机制不健全,致使假冒伪劣现象猖獗而造成直接经济损失 2 000 亿元。市场交易中因信用缺失、经济秩序问题造成的无效成本已占到我国 GDP 的 10%~20%,每年直接和间接经济损失高达 5 855 亿元。虽然我国劳动力成本相对低廉，但信任危机导致社会成本相对高昂，致使在我国投资的总成本（包括各种“显成本”和“隐成本”）无形之中加大了，从而削弱了我国的竞争力。

我国加入世贸组织后，从长远看，最缺乏的不是资金、技术和人才，而是信用，以及建立和完善信用体系的机制。因此，在全社会范围内，从道德上、制度上确保信用“升值”，消除欺诈和失信，是完善社会主义市场经济体制的重要环节。目前，企业内部普遍缺乏基本的信用风险控制和管理制度，缺乏信用信息的社会共享机制，失信惩罚机制不健全导致失信成本过低和未形成有效的信用监管体系。现代市场交易是借助一定的契约、货币等信用工具和通过诸多代理关系来实现的，所有的交换活动都是建立在一定的信用关系基础上的，离开了信用，市场经济就无法运转。作为通过人们一定的承诺来实现交易关系的行为方式，信用是建立在一定的产权界定和有效保护基础上的。现代市场条件下，信用属于市场经济范畴，信用产品是具有价值和使用价值的特殊商品，支撑着信用交易额的扩张。现代信用制度需要新型的信用理念，新型的信用理念衍生出对信用产品的即期需求和潜在需求，对信用产品日益增长的需求必然要求整个社会对失信者行为予以严惩，整个社会形成的公众信用理念形成信用交易的秩序，信用交易的市场秩序产生新的市场体系和现代营销方式。由于我国处于市场经济转轨时期或市场经济体制的初建时期，人们的借贷理念、消费理念、信用理念、破产理念等与信用制度关联度极强的理念，受信用薄弱环节的影响还远远没有建立起来。消费贷款还没有成为人们的普遍行为，借钱消费还没有被普遍接受，我国的储蓄率一直保持在37%～42%，消费需求对GDP的贡献率比美国低20个百分点，对国民经济的拉动作用还远远不够。而且人们为了防范市场风险，习惯于现金交易，信用交易的规模还很小。支撑信用交易的信用服务行业仍处于发展的初始阶段。

因此，信用激励约束机制是社会信用体系实现其惩恶扬善的社会目标的基本保障，它赋予信用记录以力量，使得守信者获得奖励而失信者受到惩罚，使得每个社会个体都重视并自觉维护良好的信用记录，从而形成文明守信的社会氛围。

由以上的论述我们知道,激励约束机制必须以明晰的产权为基础。因此,构建信用激励约束机制需要首先完善产权制度,明确信用资本的主体,然后综合运用法律、行政、经济、道德、社会舆论等多种手段激发信用资本的巨大价值,不仅使失信行为受到法律的惩罚和制裁,而且使失信者受到社会舆论和道德的谴责,使其在经济、声誉等各个方面都蒙受损失。反之,守信者将利用其信用资本获得更多的机会,得到更大的利益。

3.3.3 征信标准化机制

工业社会发展的历史证明,没有标准化就没有工业化。因为,没有标准就不可能形成大批量的工业生产规模,也就不可能有工业化的实现,所以标准是现代工业社会的支柱。现在人类已进入信息化社会,标准比以往任何时候都更为重要,标准是实现信息交流、沟通和共享的基础,离开了统一的标准,人类在信息化社会中就寸步难行。随着征信的全球化和信息网络技术在征信中的广泛应用,征信的标准化显得越来越重要。征信标准化是社会信用体系的重要组成部分,信用体系的构建离不开征信标准的建立和应用。社会信用体系的核心是信用信息的整合和共享,而标准化是实现系统互联互通、信息共享和业务协作的基础和前提。

当前国际上征信业发达的国家广泛遵守国际上主流的信息技术标准、信息分类标准、企业标识标准、个人标识标准、代码标准、信息交换格式标准以及信用评估业务标准。美国征信业主要由邓白氏公司、埃克非公司、环联和益百利等四大征信公司组成,这四大公司的标准也逐渐成为美国征信行业的标准。由于历史的原因,我国征信业所涉及的信息分散于三十多个政府部门,条块分割严重,这些信息没有统一的格式和标准,难以实现互联互通,甚至有相当一部分信息由于技术原因而不能使用。在我国征信业发展过程中,征信标准化滞后的问题,导致征信系统与相关信息平台间互联互通困难,对数据加载整合造成了很大障碍,为保证社会信用体系的健康发展,建立全国性征信行业标准已是迫在眉睫。

早在2002年，根据国务院要求，由中国人民银行牵头22个部门和单位组成建立企业和个人征信体系专题工作小组，专题工作小组的三项任务之一是制定征信行业标准。中国人民银行自2005年底组织启动了征信标准制定工作。我国征信标准体系分为基础标准分体系、监管标准分体系、信息技术标准分体系、业务标准分体系、服务标准分体系、安全标准分体系。在基础领域涉及对征信数据元的规范、征信术语、征信标准体系的制定等标准；在信息技术领域涉及信用信息共享、系统互联互通、信息安全类等技术标准；在业务领域涉及对征信业务开展的相关流程进行规范，包括信用调查业务规范、信用登记业务规范、信用评价业务规范、其他征信业务规范以及征信产品标准等；在征信服务领域主要涉及对征信机构为客户提供服务过程中的行为规范，包括征信服务合同格式规范、征信机构服务质量规范、征信产品使用规范、征信服务争议处理程序等标准❶。

迄今为止，中国人民银行已经发布了《征信数据元 个人征信数据元》等7项相关的标准，对于规范我国征信业的发展起了重要作用。征信标准体系的建立是一项复杂而艰巨的工作，现正处于全面的启动阶段，为了保证标准的质量，加快标准的制定速度，提高标准的适应性，在制定征信标准过程中，我们应注意做好以下工作：第一，加强对征信发展较快的国家的标准化工作研究，借鉴其先进的经验，拿来为我们所用。第二，加强对征信标准的理论研究，确保制定标准的系统性、完整性、科学性。第三，建立有效的激励机制，加大吸引社会力量参与的力度和积极性。第四，加强对现有信用信息数据库（特别是信息数据交换格式）的规范化工作，最大限度实现已有的信息资源共享。第五，征信标准要有一定的前瞻性。如今的信息技术发展速度惊人，而标准要具有相对的稳定性，所以应从宏观角度出发，通过超前研究，明确信息资源建设中可能遇到的各种问题，确保标准适应未来一段时间社会发展和信息技术发展的需要。第六，征信标准应不断修改。任何标准不

❶ 河南省企业服务网. 人民银行征信标准化建设有关知识问答[EB/OL]. [2010-10-05]. http://www.smehen.gov.cn/ArtPaper/Show.aspx? id=282106.

可能一劳永逸地解决所有问题,而只能解决一时的问题,随着信息技术的发展,会出现各种新情况,标准需要不断修订、增补和完善,这样,征信标准才具有旺盛的生命力。

3.3.4 信息安全保障机制

信用信息包含了大量的敏感信息,一旦被不法分子窃取或篡改,可能会给被征信人带来巨大的影响和损失。因此,社会信用体系需要有完善的信息安全机制作为支撑,保证信用信息在安全的环境下被采集、加工和使用。但事实上,无论是公共征信系统,还是私营征信系统,都普遍面临着信息安全威胁。近年来,美国已经发生了多起信用信息丢失事件,信用信息的安全问题引起了世界各国的关注和担忧。实践证明,信息安全问题并不能完全由先进的技术来解决,而必须要从技术、管理制度、思想意识等多方面入手构建一个完整的安全保障机制,使信息安全防护工作成为一种常态的制度。尽管目前我国的社会信用体系建设刚刚起步,还没有面临比较严重的信用信息安全威胁,但我们必须认识到信息安全保障机制是社会信用体系不可分割的一部分,应采取多种措施构建多层次、全方位的信用信息安全保障机制,围绕信用信息化建设和应用的各个方面与环节,针对数据、应用和设施三个重点保护方面,完善信用信息化安全管理制度和工作规范。按照要求进一步完善了数据备份制度,数据监控制度,数据信息保密制度,软件安装和硬件维护制度,计算机系统用户名、密码及使用权限控制管理制度等,还要制定各应用系统的操作流程规范、业务数据录入及管理规范、人员使用管理等工作规范。

3.3.4.1 加强网络安全

严格实施信用信息数据库的隔离,安装隔离卡或者防火墙,以防止黑客侵入和计算机病毒侵害;加强计算机病毒防范,所有连接内网的计算机都必须安装使用全系统统一的杀毒软件。各计算机用户要经常检查所用计算机的杀毒程序,对杀毒软件不能安装或升级的,及时报告系统管理人员处理。对使用的外来存储介质(软盘、U 盘等),都要首先进行杀毒处理;严禁未经许可擅自将各类信用信息数据及内容进行复制下载、对外交换和公布传播;加强计算机系统的用户名和密码管理。

3.3.4.2　**加强各应用平台的使用权限管理**

针对不同的应用系统、终端、操作人员,由信用信息系统管理员设置数据库信息的访问权限,并设置相应的密码及口令。不同的操作人员设定不同的用户名,且定期更换,严禁操作人员泄漏自己的口令。对操作人员的权限严格按照岗位职责设定,并由系统管理员定期检查操作人员权限。

3.3.4.3　**全面落实安全责任制**

建立健全信息安全保密管理制度,实现信息安全保密责任制。严格按照"谁主管谁负责、谁主办谁负责"的原则,落实责任制,明确责任人和职责,细化工作措施和流程,建立完善管理制度和实施办法,确保使用网络和提供信息服务的安全。以法律法规形式明确相关责任人的权限和责任,当发生信用信息丢失等问题时,必须依法追究相关责任人的责任。

3.3.4.4　**严格数据和流程的修改审批制度**

对已经进入数据库的数据、已经运行的流程进行修改和删除时,必须经过技术部门和业务部门的审查,并经领导签字批准,报上级主管部门同意后进行。一次性大批量数据的调整变动和库间迁移,以及业务应用中数据的批量复制下载,必须经信息中心审查、分管局领导同意后报上级部门批准执行。系统管理员或其他工作人员,绝不能利用软件漏洞和后台程序,或采取黑客手段,擅自删改有关数据、程序和设置,不得进行攻击性、破坏性操作。

3.3.4.5　**严格建立和落实数据备份机制**

数据备份是应对信用信息化灾难性事故的重要手段。各单位要配备相应的设备,落实专人负责,严格做到定时定期对全部信息数据进行全备份,并为备份数据提供安全可靠的存放地点和场所。确保在灾害发生时能够立即进行数据恢复,将灾害损失降低至最低程度。

3.3.4.6　**加强计算机使用维护管理**

工作人员在使用计算机时发现问题和故障,如不能自行有效解决,要及时报请专门的技术人员处理。不得盲目野蛮操作,不得擅自拆卸设备，不得擅自修改或删除系统，不得擅自安排外来人员进行维修，否则造成的一切后果均由当事人全部承担。

3.3.4.7 **加强安全值班制度**

对信用信息化重点设备和重点场所设置相应的防火、防盗、防破坏安全设施，并创造必要的保证安全正常运行的环境条件。对机房等重要设施场所加强值守，并对系统设备的运行情况做好记录。严格使用计算机各应用平台系统。除专门为工作人员熟悉操作而设置的模拟平台系统外，不能在任何正式平台系统中进行练习操作，不得加载任何测试数据。

3.3.4.8 **加强信用信息查询、使用的管理**

在各个工作环节建立严格的监控机制和制度规范，防止数据资源非工作用途的不正常使用以及向无关人员披露或向外流失。

3.3.4.9 **建立有效的监督和考核机制，确保安全制度落到实处**

按照“谁主管谁负责、谁使用谁负责”的原则，各机构、公司、协会确定了本单位(部门)信用信息化建设安全保障工作的责任人，明确并落实职责。各机构、公司信用信息化建设安全保障工作落实情况将纳入绩效考核。严格实行安全工作“一票否决制”和责任追究制，用行政和经济手段，对造成安全事故的有关责任人给予严肃处理。

3.3.4.10 **提高安全意识**

通过制定和实施安全管理制度、普及信用信息化安全基础知识培训等多种途径，努力提高征信工作人员的安全意识和综合素质，使其自觉遵守信息安全管理有关法律法规，不泄密、不制作和传播有害信息。

3.4 社会信用体系的环境建设

信用是道德、法律、经济、文化等诸多方面观念和能力的综合反映，一个完整的社会信用体系绝不可能孤立于社会环境之外，因此社会信用体系的运行需要与之相适应的信用环境作支撑。中共十六届三中全会通过的《中共中央关于完善社会主义市场经济体制若干问题的决定》指出：“形成以道德为支撑、产权为基础、法律为保障的社会信用制度，是建设现代市场体系的必要条件，也是规范市场经济秩序的治本之策。”这一论述体现了道德、产权、法律的有机统一，也体现了支撑社会信用体系的文化环境、经济环境、法律环境的有机统一。我们在构建社会信用体系的过程中，必须要加强社会信用环境的建设，从法律环境、文化环境、市场环境、人才环境、技术环境等多方面入手构建一个稳定有序的社会信用环境。

3.4.1 法律环境

信用的法律属性贯穿于自古罗马法以来整个法律及信用的发展史中，在古罗马法中信用是人格的一部分，它甚至决定着一个人是否具有完全的人格，一个人如果不能清偿债务就会沦为奴隶。信用的法律属性随着经济及社会发展不断得到强化，也在后世的法律中得到更多的体现。现代市场经济是信用经济，同时也是法制经济。信用经济本身就是建立在完善的法律制度的基础之上的，同时又依赖于法治的保障。可以说，没有法律的规范和保护，经济和信用将难以正常地运行。我国现阶段的失信局面之所以比较难以控制，是与当前法律规范及其实施效力的缺失相联系的[1]。法律是构建社会信用体系的强大保障，上文中所提到的监管机制和激励约束机制都必须要借助于法律的支撑和保障。离开了相关的法律规范，信用信息管理、信用市场监管乃至整个社会的信用体系建设工作都难以开展，信用激励约束机制以及企业商业秘密和个人隐私权的保护更需要以法律作支撑。

事实上，一个国家的信用立法情况是衡量该国信用发展水平和社会信用体系完善程度的重要标准。任何一个发达征信国家都离不开相对完备的信用法律法规，西方征信国家在长达百余年的征信历史中，逐渐形成了完善的征信法律体系，这些法律体系也成为本国社会征信行业发展和社会信用体系建设的有力保障。西欧国家是市场经济高度发达的国家，因而各国都建立了比较完善的信用管理的法律体系，后来欧盟出于发展区域经济的需要，制定了《欧盟数据保护法》，这项法律从

---

[1] 孙国志，张炎培. 信用经济[M]. 北京：企业管理出版社，2005.

征信方面来看，既保护了消费者的隐私和企业商业秘密，又促进了消费者和企业的信用信息在欧盟各国的顺利畅通。美国在20世纪60～80年代的20多年间，信用管理的相关立法相继出台，逐步形成了较为完善的法律体系，这些法律规范的目标都集中在规范授信、平等受信机会、保护隐私权方面。因此，商业银行、金融机构、房产、消费者资信调查、商账追收行业受到了直接和明确的法律约束。[1] 政府仅负责征信法律的解释和执行，无须深度介入就能保证全国征信工作的有序运行，可以说正是完备的征信法律体系才保证了美国作为世界上最发达征信国家的地位。而与此相反，我国的社会信用体系工作起步较晚，立法工作严重滞后，已经成为我国征信行业发展的最大障碍。据报道，2000年依托政府成立的昆明资信投资公司，作为一家提供个人信用信息查询服务的征信公司，由于在成立时被告知个人信用信息绝大部分不能有偿使用，且没有具体的法律指导和保护，因而大部分业务都难以正常开展，导致营运困难[2]。尽管在目前已有的中华人民共和国法律规范中，有一部分的确与信用有关，如《中华人民共和国合同法》、《中华人民共和国商业银行法》、《中华人民共和国证券法》、《中华人民共和国保险法》、《中华人民共和国反不正当竞争法》、《中华人民共和国信托法》等。但这些法律主要是针对银行信贷、保险、证券等信用活动的，难以有效指导征信工作，迄今为止国家并未出台专门的征信法律规范。另外，近几年各地涌现出了一批信用信息系统工程，相关政府部门也大多为其信用建设制定了相关的地方性文件，试图为信用工程提供法律依据，如《上海市个人信用联合征信试点办法》(2004年6月废止，被《上海市个人信用管理试行办法》替代)、《深圳市个人信用征信及信用评级管理办法》。但这些地方法规仅限于本地范围，科学性、规范性、权威性和强制力都不够，仅能算是地方性的指导意见。从各国立法实践来看，应该由法律来规范征信活动和社会信用体系建设工作，而不能

[1] 喻敬明. 国家信用管理体系[M]. 北京:社会科学文献出版社,2000.

[2] 晏清. 信用交易难逾个人隐私权　昆明资信饿倒在金山前[N]. 中国青年报,2002-07-15.

仅仅依靠行政法规、地方或部门规章。信用制度是涉及经济和社会发展的基本制度,根据《立法法》的规定,应当由法律树立其应有的权威。信用信息的采集范围涵盖各级各类政府部门和广大的企事业单位,只有法律才具有足够强大的协调和强制能力。因此,立法问题可谓是我国开展征信工作和建立社会信用体系的第一要务,我国的信用立法工作可以从以下三种途径入手:

(1)修改已有的相关法律法规。修改《中华人民共和国商业银行法》、《中华人民共和国保密法》、《中华人民共和国档案法》、《中华人民共和国反不正当竞争法》等法律中不利于开展征信工作的限制性条款,并增加有关征信的内容。

(2)尽快制定新的征信法律。为适应征信工作的现实需求、改变征信法律缺失的现状,仅靠修改适用显然不能满足需要,主要还是制定《公平信用信息法》、《个人信用信息保护法》等专门规范征信活动的新法律。

(3)大胆借鉴发达征信国家的立法经验。我国的征信工作刚刚起步,信用立法还是一个崭新的课题,而发达征信国家已经有一百多年的征信历史,在信用立法方面积累了丰富的经验,因此应该大胆地参考借鉴国外的立法经验,但在借鉴国外经验的同时也要注意与本国实际相结合。

针对我国目前信用立法的现状和存在的问题,笔者认为我国信用立法工作的重点集中在以下几个方面:

(1)明确征信机构的权利与义务。征信机构是一类专门从事信用信息调查、采集和加工服务的社会组织,所生产的征信产品关系到公众的切身利益。征信机构必须具备一定的资信和能力,否则无法取信于社会公众。因此,征信法律需要对征信机构设立更为严格的准入标准,除《公司法》所规定的公司法人的一般条件外,还应当具备一定规模的资金实力、经营条件、技术设施等,尤其是要确保征信机构具有良好的信用记录。例如《征信管理条件(征求意见稿)》第十条规定,设立征信机构,实缴注册资本不少于五百万元人民币,征信机构从事信用报告业务的,实缴注册资本不少于五千万元人民币;征信机构的股东、实际控制人应满足国务院征信业监督管理部门规定的条件;有健全的信息档案管理制度、保密措施和安全防范措施，有完善的信用信息数据库系统。另外，征信法律还要明确征信机构具备的权利和义务，例如，征信机构具有以合理合法手段采集和加工信用信息，并以出售信用报告获取合法利益的权利，同时征信机构也承担有保护个人隐私和公司商业秘密的义务。

(2)明确信用监管部门的法律地位。任何一个国家社会信用体系的建立和运作都需要处于一定的监管之下，即使是最发达的征信国家也不能依靠纯粹的市场自律。我国的信用行业起步较晚，更需要建立相应的监管部门，以对信用市场发展和社会信用体系建设给予规范引导和监督管理。上文中提到我国应该依法成立一个独立于现有政府职能部门之外的征信管理机关来执行监管职责，一方面对我国的社会信用体系建设作出统一规划和协调，另一方面对信用市场上的各类主体进行统一的管理和指导。由此可见，信用监管部门肩负着艰巨的任务，也拥有较大的权利，它的这种地位和功能不是与生俱来的，而必须要由相关的法律来赋予。另外，征信监管部门的职权范围也应该由法律明确规定下来。征信监管部门是征信市场和征信行业的管理机关，所从事的各项业务都必须具有明确的法律依据，当征信监管部门有违法违规行为时也需要接受法律的监督和制裁。

(3)为信用信息公开提供法律依据。社会信用体系运转的一个基本前提是信用信息的开放化和商品化。所谓开放化，是指拥有信用信息的主体，例如企业和消费者个人，从接受监管和获得信用交易的目的出发，必须在一定程度上披露自己的信用信息；所谓商品化，是指征信机构将自己收集到的信用信息经加工整理之后提供给消费者，消费者像购买普通商品一样，可以购买和使用征信机构所生产的信用报告。世界上各个征信国家都为信用信息的开放和使用提供了明确的法律规范，即法律规定哪些数据可以被征信机构采集、加工和公开，哪些数据需要保密而不能够被采集，有些国家的法律还强制性地要求掌握信用信息的组织必须开放其非涉密的信用信息源或者必须主动向公共征信机构呈交信用信息。我国的征信立法也应该制定出界定数据采集和公开范围的法律法规，明文规定哪些信息可以公开，哪些信息禁止被采集，哪些政府部门和公用事业单位有公开公共信用信息和配合征信的义务，那些垄断信用信息拒不公开或者据此进行权力寻租的部门也应该依法受到惩戒。法律既要保证信用信息的公开，又要保护个人隐私和企业商业秘密。因此，信息源单位和征信机构要保证信用信息的真实性、准确性和连续性，对于那些非法公开或征集信用信息、恶意篡改或提供虚假信息的行为，法律必须要有相应的惩罚规定。

（4）保护个人隐私和商业秘密。社会信用体系要兼顾社会利益与个体利益，如果毫无限制地将信用信息完全公开，企业秘密和个人隐私必将受到损害，如果过于顾忌个体利益，又会使信用信息的采集和公开面临重重困境。尤其是在我国这样并不具有信息透明传统的国家，首要问题还是公开问题，但与此同时，法律也必须注重对个人隐私和企业商业秘密进行保护。即便是在美国那样比较开放的社会环境和市场环境中，相关的征信法律中也有大量的条款是为保护个人隐私和商业秘密而设的，甚至美国整个信用法律体系都是以保护消费者利益为原则的。我国在进行征信立法时也需要特别重视企业和个人合法权益的保护问题，首先需要以法律形式界定个人隐私和企业商业秘密。笔者认为法律可以将信用信息按照可公开的程度分成三类：一是可完全公开的信息，即不涉及个人隐私和企业秘密、公开之后不会给个体带来负面影响的信息，如个人的身份识别信息和企业的注册登记信息等。持有这类信息的组织和征信机构可以将其公开，所有组织和个人都可以查询和利用这类信息，无须再征得本人同意。二是绝对隐私的信息，即公开之后会给企业或个人带来严重不良影响且与信用交易无关或关系不大的信息，如个人的病历，企业的客户资料、非专利技术，等等。对于这类信息，除国家所规定的公共秩序保留的需要外不得公开。三是相对隐私的信息，即介于完全公开和绝对隐私之间的、公开之后可能会给企业或个人带来不利影响但与信用交易相关的信息，如个人收入、财产、债务情况，企业的资产、纳税和负债情况。对于这类信息法律必须要明确限定其公开和使用的范围，如银行在审查贷款、企业在招聘员工、行政和司法机关在执行公务等情况下可以查询使用，否则必须征得被征信人的同意。在界定了个人隐私和企业秘密之后，法律还要明确掌握信用信息的组织和征信机构在公开信用信息时所肩负的法律责任和义务,特别要规定当个人隐私和企业秘密被非法公开而造成个体利益受损时,相关责任人应该受到哪些惩罚。

(5)确立失信惩罚机制的法律依据。失信惩罚机制就是运用各种手段惩罚市场经济活动中的失信者,将有严重经济失信行为的企业和个人从市场或社会主流中剔除出去。通过加大失信成本使得市场或社会主体不敢随意失信。有效的失信惩罚机制能够减少商业欺诈行为和投机行为的发生,同时使主体主动向诚实守信的主流方向倾斜。由于失信惩罚机制关系到市场和社会主体的切身利益,所以失信惩罚机制的设计和执行都必须要有法律依据。在相关法律缺失的情况下,失信惩罚机制很容易出现两个极端现象:一是失信惩罚机制缺乏权威性和强制力而难以执行;二是失信惩罚机制很容易导致侵害主体利益的恶性事件发生,不但不能起到惩恶扬善的作用,还可能破坏正常的社会生活和市场秩序。因此,笔者建议:首先,法律应当明确失信的法律边界是什么,即哪些失信行为应该受到法律的制裁;其次,法律应该为失信行为制定合理的惩罚标准,量刑过轻达不到惩戒失信的目的,量刑过重又会损害市场主体的利益;最后,明确失信惩罚实施机构的权利和责任,即实施机构在执行失信惩罚机制时要有法可依,尤其要杜绝执法者"有法不依、执法不严"等不法行为的发生。总之,要让失信惩罚机制正常运作,必须要向其提供正确合理的法律引导和规范。

3.4.2 文化环境

所谓信用文化,就是一种讲求诚信、践行诺言、无欺天下的社会心理和群体意识,是一种社会氛围。从广义上来说,信用文化包括信用制度和诚信道德,从狭义上说,信用文化特指道德层面的社会信用[1]。信用作为道德层面的一种操守,表现为公众对社会规则或人群之间约定规则的自觉遵守,体现了社会道德关系和道德水准,反映的是整个社会

---

[1] 李文伟. 信用制度与信用文化刍议[J]. 沙洋师范高等专科学校学报,2005(1):76-78.

交往赖以维系和发展的基础。有了这种大众化的文化氛围，就更有利于信用制度的推行和遵守。从时间顺序上说，信用文化早于信用制度，中国历史上早已形成鲜明的信用文化，但一直没有建立信用制度。信用文化催生了信用制度。但文化的约束力是一种自律、自发的行为，这种约束力只有依靠制度才能更加规范和持久。因此，从某种意义上来说，信用文化是软件，信用制度是硬件，信用文化和信用制度相辅相成，共同作用于社会信用体系之下。

信用文化的建立是构建社会信用体系的基础，也是创造良好市场环境的基础，如何在兼顾效率与公平的前提下，培育出一种与市场经济相适应的现代信用文化，使经济主体在共同认同的文化背景之下做到行为的目的性、合法性和道德规范协调统一，使他们能够在一个透明的、可以预见的文化环境中生存发展，这就是信用文化环境建设问题。我国深受儒家思想影响，历来崇尚“以诚立业、以信取人”的道德伦理观念，诚实守信成为人们的行为准则，“言必行，行必果”及诚实守信是我国传统道德的重要组成部分。在我国商业习惯中，也历来将诚实守信、童叟无欺作为重要的商业道德。但我国的传统道德观念仅仅把诚信看做是良好的个人品质，这一切与利益无关，也就是说，一个人诚信与否完全依靠个人自律。在以村舍为基础的小农经济时期，这种朴素的诚信道德观念能够较好地约束个体的行为，但在市场经济的大潮中，面对巨大的经济利益诱惑，“逐义弃利”的传统信用文化就显得不堪一击。以富阳、温州等城市为例，这些城市曾经饱尝失信之苦，也深刻地体会到仅靠传统的信用文化观念根本无力约束企业和个人的行为，传统的人伦信用观念必须在商品经济的大潮中转化为现代经济信用文化。

文化具有积淀性和动态性。积淀性是指信用文化不是一朝一夕就能形成的，而是一个长期积累和塑造的过程。动态性是指信用文化不是一成不变的，而是受到时代环境和社会因素的综合影响，会不断地修正、补充和完善。我国源远流长的传统信用文化带来了深厚的文化积淀，但信用文化也是处于动态变化之中的，市场经济的时代背景要求现代的信用文化观念，我们必须以“扬弃”的态度对待传统信用文化，一方面继承和发扬崇尚诚信的传统伦理道德观念，另一方面摒弃“逐义去利”的观念。事实上，在现代信用文化中，“义”和“利”并不冲突，诚信既是一种优秀的道德品质，也是企业或个人的无形资产。这就意味着守信者不仅能够得到精神奖励，而且能够凭借信用资产获得巨大的经济利益。反之，失信者不仅要受到舆论谴责，还应该得到经济制裁和惩罚。现代信用文化的主要目标是让每个社会成员从内心深处明白哪些东西是应该追求的，哪些东西是应该鄙视的，哪种行为会得到奖励，哪种行为会得到惩罚，从而使信用意识成为一种习惯，深入到人们心中。

塑造“义利并重”的现代信用文化，从宏观上来说，要将诚信建设作为社会主义精神文明建设的重要内容，纳入公民道德建设范畴，通过宣传教育、榜样感化等多种手段，在全社会营造诚信光荣、失信可耻的浓厚氛围。将舆论谴责和经济惩罚结合起来，让失信者慑于失信的巨大成本不敢铤而走险。从微观上来说，要将诚信文化融入每个社区、每个单位和每个家庭，从自己做起，从现在做起，从小事做起，不断提高自身和周围人群的信用意识和觉悟，消除“利己主义”、“投机主义”思想倾向。普及信用文化不能仅停留于思想上，还要落实于行动中，自觉减少失信行为，维护良好的信用记录。信用文化建设乃至整个社会信用体系建设的最终目标是要让每个人、每个组织都能够做到诚实守信。文化建设是一个潜移默化的长期过程，尽管我国具有深厚的传统信用文化积淀，但对于建立与市场经济相一致的现代信用文化来说仍然是任重而道远的。

对于个人来说，诚信是正常社会人际交往的行为准则。树立信用文化，弘扬诚实守信，就是要提高认识，通过宣传教育，端正认识，强化经济信用意识，不断提高人们的思想水平、综合素质和责任感，树立诚信就是生命、诚信就是资质、诚信就是财富的现代信用观念。有专家指出，20 世纪 90 年代我国所出现的信用危机来自于道德心理防线的崩溃，是一种文化的失落。市场经济转型初级阶段的无序竞争，传统的信用文化已无力约束和规范市场经济秩序，而与市场经济相一致的现代信用文化尚未形成，导致人们思想观念的混乱，诚信理念越来越淡薄，功利主义、机会主义、短视行为蔓延。既然信用危机源于人们思想的混乱，那么建立现代信用文化，首先，要从思想上入手，努力提高公众的信用意识，在全社会形成“以诚实守信为荣，以见利忘义为耻”的良好信用氛围，改善整个社会的经济信用秩序环境。其次，信用文化具有显著的群体性特征，也就是说信用文化是社会大众所认同的一种普遍心理，所共同遵守的一种行为规范，公众面临信用文化时具有从众性。因此，普及信用文化可以通过榜样宣传和感化，使诚信守信成为主流的社会文化，使公众自觉接受现代的信用文化观念。再次，要以青少年为信用文化教育的重点，加强校园信用文化建设。青少年是祖国的未来，校园信用教育对于信用文化建设具有特别重要的意义。我们要全面启动校园道德建设工程，将现代信用文化融入青少年思想品德教育中，以多种形式宣传和普及信用文化。努力提高学生识别真假、善恶、美丑的能力，要大力培养学生的诚信意识，创建崇尚诚信的校园氛围，使广大学生行动起来，从小做起、从我做起、从小事做起，自觉抵制失信行为。老师尤其要做到诚实守信，以实际行动为学生树立诚信榜样。

对于企业来说，诚信是企业参与市场交易的基本原则，信用文化是企业战略选择在人的价值理念上的反映，同时又能在企业运作过程中真正起约束作用，并指导着企业竞争及创新等理念。因此，信用文化是企业文化中起灵魂作用的重要组成部分，塑造信用文化是塑造企业文化的基石。信用是无形的财富和资产，这一理念在企业中会得到更加深刻的体现。只有讲诚信，才能赢得客户，赢得市场，才能在激烈的市场竞争中保持持久和旺盛的生命力。反之，失信无异于自杀，它虽能带来短期的利益，却使企业失去客户和市场，继而被淘汰出局。因此，许多经济学家和企业管理人员普遍认为信用关乎企业的兴衰和存亡，众多国家知名企业也都将诚信作为企业发展的座右铭。韩国现代集团创始人郑周永的座右铭就是：“信用就是财产，有信用就有一切。”海尔集团的经营方针是：“首先卖信誉，其次卖产品。”培育企业信用文化要求如下：首先，企业必须做到遵纪守法，企业诚信是以法律为基础的，守法是诚信企业的基本行为准则，按照法律要求企业必须做到保证产品质量、信守合同、依法纳税、合理竞争，等等，这些可谓是法律对企业诚信要求的底线，只有遵纪守法的企业才有可能成为诚信的企业。其次，企业必须重承诺，包括企业对员工、消费者、供应商、合作伙伴以及政府的承诺。有些承诺是在合同中明确界定的，企业必须严格履行，否则将承担法律责任，但有些承诺并不受法律约束，企业是否信守这类承诺完全取决于企业诚信与否，对于这类承诺企业应该重视，尽管可能会给企业带来短期的经济损失，但从长远来看企业能够赢得宝贵的信用资产，它所带来的潜在价值和长期收益远远大于短期的经济损失。再次，企业要讲求社会公德，企业不仅要做到自己的生产和经营行为符合社会公德的要求，而且还要积极参与社会公益活动。最后，企业必须如实披露真实的产品信息和经营状况信息，只有公开、透明的企业才能赢得客户及合作伙伴的信任，尤其是上市公司更应该做到信息公开。当然，在建立企业信用文化的过程中，企业的管理层必须以身作则，为员工和整个企业树立诚实守信的榜样。企业的信用文化也是一个长期的积累过程，这就需要企业从每一件小事做起，把诚信当做是基本的经营理念和行为准则，落实于企业每一项经营管理和生产活动中，而不是仅仅停留于思想认识或者口号宣传的层次。

近年来，我国的社会信用体系正在建设之中，各地也纷纷开展信用工程建设。但公众的参与热情不高，甚至对信用工程一无所知，已有的一些宣传教育活动也常常因为流于形式而收效甚微。尽管我国具有几千年传统信用文化的积淀，但现代信用文化环境仍然没有建立，公民的信用意识亟待提高。笔者认为如果没有相应的信用文化作支撑，如果缺乏公众的配合和参与，那么信用体系建设注定要失败。因此，在信用文化建设及普及教育中，不能使信用教育流于形式或者仅停留在口头承诺上，重点应该是使诚信道德转化为守信行为。政府应该利用电视、报纸、因特网等媒体对信用建设进行宣传报道，首先要让公众认识到社会信用体系建设的必要性，并对此予以积极配合和参与；其次要让公众知道什么是信用，如何成为一个诚实守信的公民，如何以实际行动维护信用，如何利用良好的信用资源获得收益，以及如何积累和维护良好的信用记录，等等。

3.4.3 经济环境

马克思认为,任何制度的产生和发展从一定意义上来说都有其特定的历史背景和社会经济条件,任何制度发挥作用都离不开具体的客观条件。社会信用制度的产生和发展也有其特定的历史背景和社会经济条件,如果脱离了相应的社会经济环境,信用制度也就失去了有效运行的基础。信用制度最早是在商品交换的发展中形成的,随着商品交换的发展,信用关系出现并且快速发展,已渗透到人们经济生活的方方面面。人们便产生了对这一关系固定化和规范化的要求,即通过信用制度来规范和安排信用关系,因此说信用制度作为一种交易规则是商品经济长期发展的结果[1]。从经济决定信用这一命题出发,建立和完善社会信用体系必须为其营造良好的经济运行环境。

3.4.3.1 经济体制

对于信用制度来说,起决定作用的经济因素是一个国家的经济体制状况,信用制度本身就是经济体制的有机组成部分,与经济体制始终保持着密切的关系。一个社会信用程度的高低,从根本上取决于经济体制和经济运行的状况。没有社会主义市场经济体制的确立,就不可能建立完善的信用制度。而信用制度的完善与否,是经济体制是否成熟的一个重要标志,经济体制越成熟,信用制度就会越完善;反之亦然。信用制度完善的国家必定有相对成熟的经济体制作支撑,而信用制度不完善的国家在经济体制上或多或少都有一些不成熟和不完善的地方。我国曾经出现的信用危机在某种程度上是和我国尚未发展成熟的市场经济体制联系在一起的。目前,我国的金融市场不够发达、信用服务中介体系不健全、社会保障体制改革没有完成、市场尚未完全实现充分自由竞争,这些都影响了信用制度的建立。因此,如果要构建社会信用体系,必须首先完善我国的市场经济体制。

3.4.3.2 产权制度

中共十六届三中全会通过的《中共中央关于完善社会主义市场经

---

[1] 安贺新.我国信用制度运行的经济环境建设[J].财经问题研究,2004(7):21-25.

济体制若干问题的决定》指出，产权是社会信用制度的基础，并强调建立社会主义信用制度必须以产权为基础。明晰的产权是社会信用制度的基础，明晰了产权也就明确了权利主体和责任主体，权责的明确有利于规范生产经营行为，形成良好的信用基础和市场秩序，有利于社会信用制度的建立。首先，明晰产权可以形成诚实守信的动力。产权主体可以运用自己的各种权利获取更多的经济收益，进而拥有更多的产权。这是市场经济条件下包括企业、经营者和劳动者在内的各类市场主体，努力从事经营和劳动并不断创新的动力所在。明晰产权不仅可以增强生产经营的动力，而且可以稳定投资预期，扩大长远利益，从而也就会产生诚实守信规范经营的动力。明晰产权以后，产权主体出于对财产收益的关心，不仅要求自己诚实守信，还必然会增强风险防范意识，建立严格的信用管理制度，加强对应收账款和商品销售的管理，注重对与企业发生业务关系的所有主要客户信用状况的调查，明确守信客户和不守信客户，这样就可以避免或减少信用风险。其次，明晰产权可以明确责任主体，使决策者对自己的决策后果承担民事责任，如果企业在经营活动中出现失信行为，必然受到法律的惩罚，经济利益受到损失。失信之后必然会失去客户，影响到与供应商的合作，影响到债权人和投资者的投资，不利于企业的融资，必将对生产经营活动造成不利影响。高昂的失信成本会形成强有力的约束，使产权主体不敢轻易失信。如果产权模糊，市场主体就没有发展动力，就缺乏长远打算，就会出现短期行为，机会主义盛行，投资经营活动不规范。

由此可见，产权明晰是社会信用制度的基础，建立社会信用制度，必须建立现代产权制度。建立健全现代产权制度，一是要坚持以产权明晰为基础。在构建信用制度的过程中，产权明晰问题，主要是强调产权的归属要清晰、权责要明确，该是谁的就是谁的。只有产权明晰了，当事者才能对自己享有的权利部分实施信用。相反，如果产权是模糊的，对于某一事物的使用和处置权不明确，就可能出现多方当事者对同一事物实施处置权。在这种情况下，即使每个当事者都是从信用原则出发，也会造成其中部分当事者的信用失效。因此，要想避免这种信用失效的问题，首先就要保证每一种事物的产权要明晰，任何一种事物最终只有一个当事者可以对其行使处置权,这样的话,信用就被量化到了每一个事物、每一次交易之上,信用具备了明晰的产权基础。要想在现实中做到信用制度以产权明晰为基础,首先就要解决产权明晰的问题。二是坚持以产权对等为基础。在构建信用制度的过程中,产权对等问题,主要是强调当事者在进行交易时,要做到产权与产权的对等,同时保证产权与信用的对等,拥有多少产权就谈多少信用。只有做到这两个对等的,才可能保证彼此的信用也对等,才能避免在交易过程中出现信用的放大,减少信用风险。以产权对等为基础建立起来的信用制度,无形中就将所有市场中参与者的信用程度,按照其拥有产权的大小进行了划分。谁拥有的产权多,谁就拥有更多可利用的信用度,只要他们自觉地坚持正确的道德理念,就可以充分地使用所有的信用度。三是坚持以产权约束为基础。在构建信用制度过程中的产权约束问题,即当事者的信用度不能超出其产权范围。也就是说,当事者拥有的产权大小是其信用度的最高上限,如果当事者拥有的产权很小,其信用度就会受到怀疑,也必须受到怀疑。将信用度建立在产权约束的基础上充分体现了责、权、利对称的原则。当事者要想获得一定的信用度,必须有相应的产权作基础,这样才可以保证其在得到一定利益和权力的同时承担一定责任,如果当事者违背了信用,就可以通过剥夺其部分产权的方式弥补信用的损失。当事者所拥有的产权大小,实际上代表了其承担信用失效的能力。产权范围之外的信用,一旦当事者违背,损失将无法弥补。所以,当事者双方在进行交易的时候,一定要坚持产权对于信用的约束。

3.4.3.3 经济信用化程度

信用制度是经济信用化程度发展到一定阶段之后产生的,信用制度对经济运行所产生的影响也会随着经济信用化程度的提高而日益提高。也就是说,随着经济信用化程度的日益提高,社会信用规模逐步扩大,信用及信用制度对国民经济的作用也会越来越大。目前,我国的经济信用化程度与世界发达国家相比还很低,这在一定程度上影响了信用体系的建立和发展。首先,我国的信用总规模小,据统计,我国2000年末的全国信用总规模占GDP的比重为298%,非银行信用总规模占

GDP的比重为143%。而美国2000年的信用总规模占GDP的比重达到了348%，非银行信用占信用总规模的276%。发达的信用体制应该是各种信用形式相互促进、相互补充、平衡发展的。在发达的市场经济国家，信用行为非常普遍，各种信用形式都能够合理搭配、有效运作，共同促进社会经济发展。而在我国经济社会中，信用行为并没有得到普及，信用形式的发展也不均衡，长期以来都是银行信用占据绝对垄断地位。虽然改革开放以后企业之间的商业信用开始发展，但发展速度非常缓慢，特别是规范化的商业信用，例如商业票据的使用范围和规模还十分有限，企业之间的债权债务关系难以规范。其次，我国的信用工具品种单一，信用支付方式少，长期以来一直存在着金融资产单一、金融机制运作不规范的现实。改革开放以前，我国可供投资者选择的金融资产一直只有银行存款这一种形式，投资者没有选择的余地。改革开放以后，虽然我国金融资产初步呈现多元化格局，但金融市场运行又明显缺乏规范性，金融交易风险很大，市场信号紊乱，很多投资者对金融资产交易市场望而生畏，导致相当一部分储蓄仍被投资者以现金形式持有，大部分消费行为仍然以现金形式结算，无法适应市场经济对信用机制的要求。据统计，在欧美发达国家，信用交易方式已经存在了200多年，90%的商业贸易都采用信用方式进行结算，只有不到10%的贸易采用现汇计算，信用结算方式已经成为商品交易中的主流。而在我国，现汇交易仍然是商品交易的主流结算方式，在所有的商业交易活动中，信用交易方式占20%左右，现汇交易达到80%，甚至有不少企业还采用以货易货的原始交易方式。信用作为支付手段的功能被极大地削弱，特别是交易方式向现金交易、以货易货等更原始的方式退化，这些都不利于信用经济的发展和在此基础之上信用制度的完善。因此，我国应该逐步扩大信用交易规模，规范信用交易方式，努力提高我国经济的信用化程度，为社会信用体系的建立打下一定的基础。

3.4.3.4 国民经济发展水平

一国经济发展水平是影响信用机制有效运行的重要因素，是信用制度存在的物质基础。目前，我国经济发展极不平衡，多种经济成分和生产方式并存，既有先进的现代化生产方式，又有落后的家庭作坊生产方式，尤其在农村，仍然主要采取自然的、封闭的、自给自足的生产方式，这种生产方式的存在势必制约我国市场经济的发展，导致现阶段信用关系的脆弱及很大的不稳定性。西方发达国家在自由资本主义初期的原始积累阶段，也出现过类似的情况，他们用了大约150年的时间才重新建立起信用机制。改革开放30多年来，我国经济持续稳定增长，逐步实现了从短缺经济向相对过剩经济、从生产主导型经济向消费主导型经济的转变，人均GDP超过800美元，买方市场已经基本形成，但与经济发达国家相比，人均GDP和居民收入水平仍处于较低水平，同时收入差距有逐步扩大的趋势。另外，在总收入水平偏低的情况下，居民的负债能力和偿债能力都是很弱的，并且缺乏广泛发展消费信贷的基础。对于企业来说也是如此，一个企业的负债能力和偿债能力与其盈利水平是正相关关系，目前存在的中小企业信誉差、担保难、融资难的问题便是最典型的实证。因此，建立健全信用制度必须以提高一国经济发展水平为基础，特别是要努力提高整个社会的收入水平，为信用体系的建立创造良好的经济基础。

3.4.3.5 信用产品市场需求

征信机构的存活和征信市场的形成离不开信用信息产品的市场需求。旺盛的市场需求为征信机构带来了利润空间，由此带来征信机构的壮大和征信市场的繁荣。另外，信用信息共享带有明显的“网络效应”，即持有和使用信用报告的人越多，信用信息的激励和约束力越强，就会有更多的人关注信用问题，由此进入一个良性循环。对于市场需求的重要性我们可以从发达征信国家的实践中得到验证，例如美国人的信用意识很强，个人信用信息是公民的第二身份证，信用局出具的信用报告在个人求学、求职、晋升、申请贷款、申领信用卡时都作为重要的参考依据。企业、银行、保险公司、零售商、房地产商、雇主以及政府等都是信用产品的消费主体，个人也经常查询信用信息关注自身的信用状况。因此，三大信用局每月进行20多亿份信息数据的处理工作，拥有美国1.8亿个成年人的信息资料，每年出售个人信用报告多达6

亿份[1]。正是这种全社会普遍的信用信息产品需求,一方面使征信机构盈利并获得较快的发展,另外也使美国人特别重视维护自己良好的信用记录,尽力减少失信行为的发生。

我国信用信息产品潜在的市场很大,2005 年上海资信公司统计显示,上海个人和企业征信系统共出具了超过 454 万份个人信用报告,比 2004 年同期增长了近一倍,每天的查询量也猛增到近万份[2],但就全社会来说却并没有形成现实的市场需求。企业、银行、房地产商、雇主等并没有将信用记录作为决策依据,也很少有人愿意购买自己的信用报告。这种市场需求的不足,使得民间征信公司不愿介入征信行业,已经建立的信用数据库和查询系统也很难实现盈利,需求和供给的不足制约着信用信息市场的形成和发展。基于电子政务网络的社会信用体系主要依靠政府投资组建和维护基础数据库,同样也面临着市场需求不足的问题,如果要想实现长期的发展和壮大,必须要积极开发市场需求、逐渐脱离政府的庇护,实现自负盈亏。因此,我国在建立信用信息数据库及查询系统的同时,也要大力提高个人、企业、银行等各类组织利用信用产品指导决策和辅助管理的信用意识,保证信用信息服务行业的发展有充足的市场需求和稳定的盈利空间。信用报告也不能仅仅作为银行信贷的必查项,随着征信范围的扩大,各类社会活动和贸易活动中都应该把信用报告作为查验凭证和决策依据,使信用档案真正成为企业和个人的"第二身份证"。

3.4.3.6 信用服务体系

信用服务体系是社会信用制度建设的主体,是社会信用制度得以有效实施的组织保障。据统计,截至 2001 年 7 月底,我国从事信用服务的各类信用中介机构有 500 家左右,其中约 60% 是信用担保机构,约 35% 是信用咨询公司,另外约 5% 是从事信用评价、信用征集和信用调查的公司。无论是从数量还是从业务范围及业务质量来看,都远未达到社会的需求,尚未形成与社会主义市场经济发展水平相一致的信

---

[1] 鲜于丹,刘洪,李明星. 美国个人征信体系现状[J]. 商业现代化,2006(8):221-222.

[2] 陈韶旭. 上海将成全国信用信息中心[N]. 文汇报,2005-12-30(4).

用服务体系。目前,社会上很多信用中介机构或直接以政府出资为主,或与政府有着密切关系,不同程度地存在着垄断行为,使信用中介机构本身就严重缺乏信用度和公正性。社会信用机构立业的根本就是以自身的信用和必要的资本,独立、公正、客观、平等地以第三者身份为社会各界提供信用产品和服务。这就决定了社会信用中介机构原则上应该是由民间投资组建的第三方独立机构。由于我国的信用行业尚处于起步阶段,需要政府深度介入信用行业,但随着我国社会信用体系以及信用行业的发展和完善,信用中介机构必须要逐渐脱离政府的干预和庇护,无论是公共征信机构还是私营征信机构都应该以市场化运作为发展目标。政府部门一方面要鼓励信用中介机构独立自由地发展,另一方面要担当起监管职责,规范信用市场和信用中介机构的发展。

3.4.4 人才环境

随着我国社会信用体系的建立和信用行业的发展,信用管理人才的培养引起了党和国家的重视。信用管理人才主要是指从事信用风险管理和征信技术的专业人员,由于信用管理专业技术人才需要具备多学科的理论知识和多方面的专业技能,因此它属于专业技术人才中知识技能型的高端人才。一个信用社会的诞生,必将对信用管理人才提出大量需求。在我国,随着信用行业的发展和企业信用意识的增强,已经有成千上万的企业开始建立信用管理部门,对企业进行信用管理。另外,20 世纪 80 年代到现在,我们信用管理征信服务业已经具备了相当的规模,需要大量的信用人才从事征信、信用评级等工作。据专家预计,信用管理人才今后每年都有数千人的“空当”,5 年后,我国将会有几十万乃至上百万人员走上信用管理的岗位。

目前,我国信用人才的培养,主要分成学历教育及社会培训教育两个方面。我国已经开设了高等院校的专业教育,本科学历的专业教育和研究生教育,这是培养信用管理人才非常重要的一个方面。迄今为止,已有中国人民大学、首都经济贸易大学、对外经济贸易大学、上海财经大学、上海立信会计学院、上海第二工业大学等几所高校开设了信用管理专业,从 2002 年起中国人民大学就已经开设了信用管理专业的本科和研究生教育,目前还设有博士后流动站,2004 年对外经济贸易大学率先开办了全国首届“信用管理方向”在职研究生教育。学历教育培养的人才主要面向企业和银行,开设的课程也主要针对企业和银行信用管理。信用管理专业培养出来的人 70% 以上在企业里从事信用风险管理;另外,还有相当大的一个群体从事企业征信、个人征信、资信评级,等等,供职于提供信用产品和信用专业服务的专业机构。但从信用专业人才的现实需求来看,仅有学历教育是远远不够的,信用人才需求和供给之间的差距越来越大。在这种情况下,如何解决信用管理领域对市场的需求,职业教育的开展起了非常重要的作用。2005 年 3 月,劳动和社会保障部宣布信用管理师成为一个新的职业。2006 年 1 月,劳动和社会保障部颁布了信用管理师国家职业标准。信用管理师作为国家职业的设立和信用管理师国家职业标准的颁发,意味着国家信用管理师职业资格制度的确立。从 2006 年下半年开始,受劳动和社会保障部以及国家有关主管部门的授权和委托,中国市场协会社会信用委员会开始组织实施信用管理师的职业教育培训和试验性的鉴定考试。职业教育主要面向成人,是走向工作岗位的一种教育,它对于解决目前所存在的信用管理人才紧缺问题是一个比较好的途径。

从我国信用人才培养的现状来看,无论是学历教育还是社会培训教育都仅仅处于初级发展阶段,培育出的人才数量和质量都无法满足信用行业发展以及社会信用体系建设的需要,信用人才的培养速度已经远远不能跟上信用经济发展的需求脚步。据不完全统计,我国已有各类信用征信机构 100 多家,资信评级机构近 80 家,信用担保机构 2 000多家,市场调查及其他专业信用服务机构 500 多家。同时,为适应市场竞争和商业信用活动的需要,全国已有 2 万多家企业设立了信用管理部门或配备了信用管理人员。2008 年 5 月 22 日,财政部、审计署等部委联合发文,要求企业加强内部控制的管理,明确提出要建立信用风险管理体系,设立信用管理部门和岗位,并要求所有上市公司 2009 年 7 月 1 日起都要按照这个要求执行。随着我国企业信用管理制度建立及信用管理服务业务的发展,一支全新的信用管理专业技术队伍正在产生并迅速壮大,预计 5 年后,我国将会有几十万乃至上百万人员走上信用管理的岗位，信用专业人才呈供不应求的状况。为解决信用市场人员严重短缺的现状，信用专业人才的培养必须要走多元化的发展模式，多元化包含教育形式的多元化和课程设置的多元化两个方面。

3.4.4.1 教育形式多元化

目前，我国开设信用管理专业的高校很少，每年培养出来的毕业生数量根本无法满足市场需求。我国高校从2002年才开始招收第一批信用管理专业的本科生，上海目前仅有两所高校开设该专业，每年的招收人数只有20～30人，2006年6月，上海高校的第一批信用管理专业的30多名本科生尚未毕业就已被银行等金融机构和外资企业争抢一空。信用人才缺口很大，今后每年都有数千人的“空当”，信用管理人才已经成为企业争相抢购的“紧俏商品”。在这种形势之下，不能仅仅依靠学历教育来培养信用专业人才，而必须通过多种形式的非学历教育培养与发展正在从事和将要从事信用管理的社会紧缺人才，行业协会、信用中介机构等将陆续加入信用专业人才培养的队伍中来，各种类型的信用教育与培训也应运而生。信用专业非学历教育主要包含专业讲座和职业资格培训两种形式。专业讲座是由行业协会或政府相关部门举办的以“信用”和“诚信”问题为主题的论坛、会议和讲座，比较著名的有“第一届中国市场信用论坛”、“全国社会信用体系建设论坛”、“首届建立国家信用管理体系论坛”、“中国信誉论坛”和“中国国际信用和风险管理大会”等。职业资格培训是由劳动和社会保障部推动的信用管理师国家职业资格认证培训，具体可分为信用调查师、信用分析师、信用评估师、商务调查师和商账追收师等专业类别，分别由各信用管理专业机构和培训机构举办不同科目和类型的培训班，如信用担保业系列培训、资信评级类培训、公务员信用知识培训、商账管理与追收技巧培训和企业信用管理应用与实务培训等，进行培养。目前，由专业讲座和职业资格培训所培养的信用专业人才数量远大于高等院校信用专业学历教育的毕业生，对于解决信用专业人才短缺问题起到了非常重要的作用，但非学历教育的教学质量还有待于进一步提高和规范。

3.4.4.2 课程设置多元化

信用管理是我国短缺而急需的专业,是管理学、经济学、法学等多学科相互渗透的学科,是我国管理学类中的一个新专业,专门培养通晓金融管理、风险控制、信用管理、投资分析的复合型人才。信用专业所培养的人才主要面向银行和企业的信用管理业务,课程主要分为三个板块:经济学理论基础、金融学课程以及信用管理课程,其中信用管理课程包含信用系统设计、信用风险评估、征信和信用评级方法等技术性较强的专业知识,这种重视金融和技术的课程结构比较符合银行的需求。但随着我国信用行业的发展,企业、征信公司、会计师事务所、行业协会、风险管理机构以及政府部门等组织对信用人才的需求越来越大,原来的课程结构显然已经不适合目前的市场需求。信用专业的课程设置也需要实现多元化,以培养"一专多能"的新型人才。因此,信用专业的课程需要面向不同的职业需求,强化或者增加某些专业的课程,例如,从事政府部门信用管理的人才就需要学习公共管理、社会学等课程。信用专业的课程设置还要注重理论与实践相结合,将更多的实际案例引入课程中,并注重培养学员的实际操作能力。

第 4 章 信用信息档案建设

信用信息档案是记载法人和自然人在社会、经济、科技等活动中信誉和行为规范状况的文件材料，狭义上包括个人信用信息档案、企业信用信息档案；广义上讲，社会上一切独立的个人和机构主体都应该建立信用信息档案，即还应包括各级政府机构、社会团体组织、行业协会、民间组织等信用信息档案。信用信息档案具有权威性、准确性、动态性、共享性等特点。目前，我国个人信用信息和企业信用信息档案建设已经取得一定成就。在社会信用体系建设过程中，信用信息档案建设居于核心地位，只有有完整、可靠、真实的信用信息档案，才能建立一套高效的社会信用体系，没有信用信息档案，社会信用体系就如无源之水、无本之木，这已由信用先进的发达国家的实践所证实。美国是世界上信用最发达的国家之一，信用支付和消费也在国民经济中占据主导地位，企业间的信用支付方式已占到经营活动的 80% 以上，占国民经济总产值的 2/3，在个人的支付活动中，信用支付也占据主导地位，如居民购买汽车、住房等商品普遍使用信用消费，各征信公司信用信息数据的规模和丰富程度是非常惊人的。从数据库的数据总量来看，邓白氏公司在美国的数据库拥有 7 000 万个美国企业的数据，覆盖了全部美国的企业，而益百利、环联和埃克非这三大消费者征信企业在美国的数据库中，消费者信用档案的数量则分别高达 2.4 亿份、3 亿份和 1.8 亿份，平均每份消费者档案有 20 个信息项目[1]。

---

[1] 美国的信用信息共享机制与经验启示[EB/OL].[2010-07-10]. http://www.xingkoo.com/writing/writing_show/writing_show-6151.html.

4.1 我国信用信息档案建设概况

4.1.1 我国社会信用建设的起步

信用是随着市场经济的发展而产生的,它是市场经济运行的基本保障体系,世界上凡是市场经济发达的国家都建立有高效而完善的信用体系。信用是一个人或企业的“第二身份证”,信用体系规范和约束着个人和企业的行为,促使每个人和企业、组织自觉遵守社会规则,做一个诚实守信的社会主体,尽量在信用系统中留下良好的信用记录。

我国长期以来实行的是计划经济,政府行政命令在经济运行中居于主导地位,个人和企业的很多经济行为都在政府主导下进行,如个人买棉布要布票、买肥皂要肥皂票、买肉要肉票、到餐馆吃饭还要交粮票,企业的很多经济行为都是在计划指导下进行的,由此形成了人们没有市场信用的概念。当我国实行改革开放,逐步建立市场经济之后,信用缺失的后果很快显现出来,政府部门、企业、个人等都有不守信用的行为,如濮阳市委办公室在 2005 年 6 月至 2008 年 3 月欠桃园酒店 13 万元饭钱没有支付,2008 年至今两年多的时间里,饭店承包人刘文明往市委办公室行政科跑了多次讨要,得到的答复大都是“没钱”[1]。全国类似政府部门不守信用的情况很多,至于企业、个人不守信用的情况更是家常便饭,企业偷税漏税、毁约骗贷、非法交易、恶意侵权等,一些人欠账不还、到处行骗等。陌生人之间的信用度更低,很多家长都教育孩子不要和陌生人讲话,以至于在武汉曾出现了滑稽可笑的事情:据《武汉晚报》2009 年 9 月 15 日报道,古先生是东北人,第一次来武汉。9 月 14 日早上,他从汉口火车站下车后出站,走到发展大道路口想问问到球场路怎么走,但连问 4 人,他们都手指电线杆上挂着的一块牌子,不说话。古先生纳闷,抬头一看,那里赫然挂着一块“公交分局汉客派出

---

[1] 刘勰. 河南濮阳政府吃霸王餐被曝光 发函要求媒体删稿[EB/OL]. [2010-11-14]. http://news.shm.com.cn/2010-11/12/content_3275563.htm.

所”的蓝色提示牌，上写：“请不要搭理陌生人问话，谨防上当受骗。”❶在全国很多地方甚至出现了见义勇为者做好事，结果被当事者赖上的事情。2007 年 8 月 8 日，贵州都匀市市民彭女士“为给孩子做个榜样”，扶起一名摔倒的老人，结果被赖上，彭女士无奈，一连数日在闹市举牌寻目击证人。南京市有关调查机构就此类现象进行了网上调查，调查结果看上去似乎存在矛盾：面对老人摔倒是否应该管这个问题，63% 的网民认为“应该”，可是，假如真的遇到这样的情况，仅有 7% 的人表示会出手相助❷。这种事情的发生说明世风日下，人们之间严重缺乏信任感。全国企业与个人信用专题小组调查显示：国家信用体系缺失每年给国家造成 5 900 多亿元损失。与此同时，我国的经济运行成本急剧上升，很多经济行为为无效劳动，国内生产总值的 10% ~ 20% 为无效成本。据工商部门不完全统计，我国平均经济合同履约率只在 50% 左右。

自 20 世纪 90 年代以来，随着我国市场经济体系的完全建立，社会信用的恶劣环境已经严重危及正常的经济运行，各方面都已经认识到建立良好信用环境的迫切性和必要性。特别是 2001 年 12 月 11 日，我国加入 WTO 以后，WTO 规则要求政府必须按照 WTO 规则（包括信用规则）管理经济活动，同时也要求企业遵守信用秩序，只有这样其他国家特别是经济发达国家的企业才愿意和我们进行贸易往来。自 2000 年后，在每年召开的全国人民代表大会会议上，代表们都高度重视信用立法。如在 2002 年全国九届人大五次会议上，朱健等 34 名代表提议制定“社会信用信息管理条例”。朱镕基总理在 2002 年 3 月 5 日的九届人大五次会议上的《政府工作报告》中指出“切实加强社会信用建设，逐步在全社会形成诚信为本、操守为重的良好风尚。加快建立企业、中介机构和个人信用档案，使有不良行为记录者付出代价、名誉扫地，直至绳之以法”。中共十六大报告明确提出要“健全现代市场经济

---

❶ 李红鹰. 火车站提示牌称不要理陌生人问话[N]. 武汉晚报，2009-09-15(1).

❷ 不是不想　而是不敢　仅 7% 的人会扶起摔倒老人[EB/OL]. [2010-10-01]. http://www.hljnews.cn/lnrb/system/2009/08/29/010437872.shtml.

的社会信用体系”，中共十六届三中全会明确提出“按照完善法规、特许经营、商业运作、专业服务的方向，加快建设企业和个人信用服务体系”。温家宝总理明确指示，社会信用体系建设从信贷信用征信起步，多次强调要加快全国统一的企业和个人信用信息基础数据库建设，形成覆盖全国的信用信息网络。可以说，上至中央政府和国家最高领导人，下到一般企业、个人都认识到了建设社会信用体系的重要性，并积极采取措施付诸实践。

4.1.2 我国信用体系和信用信息档案的初步建立

4.1.2.1 全国各个地方纷纷重视并加强信用档案建设

从2002年开始，我国很多地方加快了企业和个人信用档案建设工作。深圳市在全国第一个出台了个人征信和信用评级的管理办法，还制定了《深圳市企业信用征信和评估管理办法》。2002年5月开始建立深圳市企业信用信息系统，2003年12月系统正式开通运行，系统很好地兼容了市政府36个部门的信息，数据的匹配率高达90%以上，目前已经成为全国较为先进的企业信用系统之一。北京市在2003年起开始实施个人信用评估制度，并在7月开通了由45个政府部门共同搭建的北京市企业信用信息系统，在首都之窗网站和政府各部门网站都可以登录这个系统，进行企业信用信息查询，截至2004年6月底，北京市企业信用信息系统已经汇集262万多条信息。天津市在2004年6月开始建设个人信用信息系统，首批入网的有工行、农行、建行、交行4家银行。2004年12月31日，苏州市企业信用信息系统正式开通启用，开通启用的是企业信用信息系统的一期工程，主要包括了工商、国税、地税、物价、统计、技监局等26家政府部门和有关单位所提供的86万条信用数据，城区10多万市场主体（4万余家企业和6万个个体工商户以及其他经济组织）的61.7万多条企业综合信用信息[1]。江苏省企业信用基础数据库和服务平台于2009年1月开通，该系统归集到省

[1] 苏州市企业信用信息系统正式开通[EB/OL].[2010-10-02].http://www.jsgsj.gov.cn/baweb/show/sj/bawebFile/65205.html.

工商、国税、地税、南京海关等17家省级部门86类614项，约1 022万条信用信息；实现了与南京、苏州、扬州3个省辖市信用信息系统联网，在江苏省电子政务内网上可以进行查询。四川省政府2004年决定由省工商局牵头、省直有关部门参加，共同建设企业信用数据管理中心和网络平台，2005年省政府颁布了《四川省行政机关征集与披露企业信用信息管理办法》，建立了省企业信用信息系统建设联席会议制度，在省工商局设立了省企业信用信息管理办公室。上海市2000年6月在全国率先建立了个人信用联合征信系统，2001年200万名上海人拿到了个人信用报告，到2004年平均每4名上海人中就有一人拥有个人信用档案，并在2004年2月施行《上海市个人信用征信管理试行办法》。武汉市在2000年便着手调研个人征信系统建设，2003年11月通过可行性论证，2004年初开始建设个人信用信息系统。贵州省政府办公厅在2003年11月5日发布了《贵州省企业信用信息管理系统建设方案》，并制定了《贵州省企业信用信息共享数据交换工作（试行）规程》，开通了贵州省企业信用信息网。河南省在2006年开通了个人信用信息数据库，个人和金融机构打交道的记录都以个人信用档案的形式存储在数据库中，个人信用档案也成为银行放贷的必查项。2003年底，国家发展改革委原则同意《北京、天津、黑龙江、安徽、湖北五省市社会征信服务体系联合建设示范工程规划》，以期实现不同地域的信息资源的整合与共享，进行跨地区的信用信息服务。

许多地方行业也十分重视信用档案的建设工作。海南省司法厅在2005年12月发布了《海南省律师公证行业信用信息系统管理办法》。2006年深圳市建立人才市场信用信息系统，职介机构和用人单位发布虚假招聘信息，向求职者乱收费，求职人员提供虚假材料，都将记入信息系统。2004年7月1日，上海市保险营销员个人执业信用信息系统正式建成，并向社会开放。杭州市于2006年开通杭州市食品安全信用信息系统。广州市于2004年5月开通了广州市物业管理服务信用信息系统。厦门市于2008年发布了《厦门市中介机构与部分社会组织信用信息的采集和管理试行办法》，9月开通中介机构信用网站。2008年北京市农资企业信用信息系统开通。

全国各个地方都十分重视信用工作，一些地方还把信用建设作为当地的形象展示出来，如广东省提出建设“信用广东”，浙江省提出建设“信用浙江”，人口第一大省——河南省提出“诚信河南”，并把每年的12月19日定为“河南信用日”。除加快信用信息网络、信用信息档案建设外，各地方还相继出台了信用建设的地方法规，成立了一批征信公司，信用管理公司，信用调查、信用评级、信用咨询公司，加强了个人、企业、组织的信用评估工作。如今，信用已经深深地印在每个人的头脑中，信用市场也在各地蓬勃发展起来。

4.1.2.2 全国性信用信息网络和信用信息档案建设工作取得一定成就

为了做好全国性的信用工作，国务院决定从2003年起，用五年左右的时间，建立起我国社会信用体系的基本框架和运行机制。2007年3月，国务院下发了《国务院办公厅关于社会信用体系建设的若干意见》（国办发[2007]17号），为各省、自治区、直辖市的社会信用体系建设工作指明了发展方向，并提出了意见和要求。国家有关部委也十分重视信用工作，相继在各自负责的领域内展开了信用信息网络建设。

中国人民银行是全国性信用信息网络的主要执行者和推动者，《中华人民共和国中国人民银行法》规定中国人民银行的职责之一是管理信贷征信业，推动建立社会信用体系。2003年，国务院“三定方案”明确赋予中国人民银行“管理信贷征信业，推动建立社会信用体系”的职责。2008年，国务院将中国人民银行职能调整为“管理征信业，推动建立社会信用体系”。2005年8月中国人民银行颁布《个人信用信息基础数据库管理暂行办法》（简称《方法》），自2005年10月1日起实施。《办法》对个人信用信息的报送整理、查询、异议处理、安全等问题给予了较为细致的规定，目前全国各省市的个人信用信息基础数据库的运行和管理都必须遵照此规定。

早在1997年，中国人民银行就开始筹建银行企业信贷登记咨询系统，2002年建成总行、省市、地市三级数据库体系，2005年将其升级为全国集中统一的企业信用信息基础数据库，于2006年7月实现全国联网查询，截至2008年9月底，企业信用信息基础数据库收录企业及其他组织共计1 000多万户，其中600多万户有信贷记录。个人信用信息数据库建设最早始于1999年7月上海资信有限公司,2004年底全国15家商业银行和8家城市银行在7个城市联网试运行,2005年8月全国所有商业银行联网,并与部分农村信用社全国联网,2006年1月个人信用信息基础数据库正式运行。截至2008年9月底,个人信用信息基础数据库收录自然人数共计6亿多人,其中1亿多人有信贷记录。为了做好数据库的完善工作,中国人民银行于2006年联合国家环境保护总局将企业环保信息纳入企业征信系统,自2007年4月1日起正式展示在企业信用报告中。2007年9月中国人民银行联合国家质量监督检验检疫总局将企业质检信息纳入企业和个人信用信息基础数据库。2008年将外汇负面信息顺利纳入企业和个人征信系统。个人信用报告中的信息主要有六个方面:公安部身份信息核查结果、个人基本信息、银行信贷交易信息、非银行信用信息、本人声明及异议标注、查询历史信息。企业信用报告内容主要分为三大类信息:基本信息、信贷信息、非银行信息。

联合东方诚信(北京)数据管理中心开发了全国统一的数字化诚信信息查验平台——全国诚信保真查询系统,主要由独立第三方人员诚信信息认定查询系统、独立第三方企业诚信信息认定查询系统、独立第三方证书诚信信息认定查询系统、信用档案动态管理系统和全国范围内的统一接入号码的诚信信息公示平台组成。可以通过电话、手机、短信、网络四种方式查询。

为了搞好社会信用体系建设工作,中国人民银行设立了征信管理局和征信中心两个机构。

商务部于2007年发布了《商务领域信用信息管理办法》,并建立了商务领域信用信息系统,系统功能主要是实现商务领域信用信息的归集与共享,为商务机关和社会提供服务。商务部市场秩序司专门开通了中国反商业欺诈网,发布相关行业和企业信用信息,重点推动行业信用体系建设。建设部设立了中国房地产信用档案网,主要提供全国房地产开发企业、房地产价格评估机构、物业管理企业、注册房地产估价师等方面的信用信息。国家质量监督检验检疫总局设立了产品质量信用记录网,主要用于产品质量信用信息的发布和查询。新华网为了普及信用知识,发布有关信用信息,在新华网下面专门设立了新华诚信子网。2003 年国家发展改革委在全国率先推动中小企业信用服务体系建设试点工作,在全国选择北京、山西、长春、成都、台州等 5 个省市进行中小企业信用服务体系建设试点,这项工作对中小企业弱势群体意义更大,作用更强。2008 年交通运输部发布了《水运工程建设市场信用信息管理办法(试行)》,2010 年 8 月 15 日,全国水运工程建设市场信用信息管理系统正式运行,水运工程建设市场责任主体基本信息、信用信息和水运工程建设项目信息等将在信用系统及时发布。

综上所述,我国信用档案和信息系统建设已经取得了一定的成就,初步满足了市场经济发展的需要,但就全国整个环境来看,企业和个人失信的行为还是非常严重的,这固然有其他一些因素影响,同时也说明我国目前建立的信用档案信息系统仍存在一些问题,需要各方面加以关注和改进完善。

4.2 我国信用档案建设中存在的问题

4.2.1 社会信用档案意识薄弱

中西方在信用文化上存在显著的差异。西方的信用文化构建于契约经济之上,良好的信用记录被看做是能够带来财富的无形资产;反之,失信者将会受到严惩,以经济制裁最为严重。在发达征信国家,失信者将会丧失贸易伙伴和贸易机会,失去银行的信贷支持,失信成本远大于失信收益,失信即等于自杀,企业和个人不敢有失信行为。国外的企业和个人信用意识较强,因为他们都知道,一旦发生不良的信用事件,将会被记录到信用档案,给企业的经营活动或个人的学习、工作、就业、贷款、买房等方面造成很多麻烦,增大经济成本,所以都自觉约束自己行为,做到知信守信。

中国的信用文化则建立于孔孟的伦理道德观念之上,守信被看做是良好的个人修养和高尚的品质,这一切与“利”无关,强调以道德约束行为。中国文化更是崇尚道德精神价值,轻视物质功利,推崇“德本财末、重义轻利”。这种朴素的信用文化只能适用于人际关系或行政关系大于市场关系的小农经济以及计划经济。在市场经济中，这种信用文化不符合市场需要，必然违背了市场经济的目标和规律。当失信收益大于失信成本时，其就会把信用丢弃在一边，追逐能够满足自己的利益，单纯的道德约束机制很容易滋生机会主义和投机行为。事实证明，在商品经济的大潮中，这种传统的诚信道德观念面对物质利益时不堪一击，机会主义盛行，失信行为猖獗，其约束力远不及西方的经济惩罚。

据《中国青年报》2008 年 6 月 9 日报道的一项调查，33.1% 的人表示对个人信用档案的作用不了解，69.7% 的人不太清楚什么行为属于不良信用信息并会被列入个人信用档案。信用档案在我国作为一个新生事物，还没有被人们广泛认识，很多人和企业并不知道信用对自己有什么意义，甚至不知道信用档案的存在，更不知道发生在自己身上的一些不守信行为会被记录到信用信息系统。造成这种情况的原因主要如下：

一是长期以来，我国信用环境恶化，失信行为是习以为常的事情，许多人根本不相信信用会给自己带来利益和好处；

二是我国大多数人习惯于当面交易或现金交易，没有认识到信用在特定的社会经济活动中可以起到比金钱还大的作用，信用交易发展缓慢，信用的经济价值远远没有体现出来；

三是社会对信用的宣传不够，信用还没有在每个人心中打上烙印，许多人对信用认识模糊，根本不知道信用的存在；

四是失信者没有受到惩罚，在我国企业或个人失信的行为经常发生，而社会对这些失信行为没有什么处罚，以至于人们都认为做个守信用的“老实人”吃亏；

五是一旦产生了一些不良的信用记录，没有告知本人，甚至现在已有的信用档案系统不分青红皂白地把所有的失信行为都记录到个人的账户上，而这些失信行为可能是社会原因或者其他原因（如证件丢失）造成的，导致人们对现在的信用档案系统存在抵触情绪；

六是直接通过银行系统的支付行为还不发达，许多通过现金交易的商业行为无法记录下来，也影响了信用信息的收集；

七是我国个人隐私保护环境差，没有健全的个人隐私保护法律，许多机构或个人出卖个人隐私信息谋利，侵犯个人隐私的行为没有受到处罚，所以每个人都小心翼翼地保护着自己的隐私信息，在很多场合往往要填写虚假的个人信息，这也影响到这些交易行为生成信用信息。

4.2.2 信用信息档案覆盖范围狭窄

考察当前我国中国人民银行及其他地方、行业建成的信用信息系统，信用信息档案还没有涉及企业、个人经济活动和社会生活的各个方面，存在信息较为单一的情况，主要表现在以下4个方面。

4.2.2.1 个人信用信息基础数据库只包含银行信用信息

信用档案是个人或者企业信用行为的真实全面记录，应包含所有反映个人或企业信用状况的信息，信用档案也只有做到真实和全面才能充分实现其监督和约束职能。参照发达征信国家的经验，个人信用档案应该包含各商业银行、政府和其他社会部门掌握的与个人信用有关的所有记录，如商业银行消费信贷的申请和还贷信息，可透支银行卡的申请、透支与还贷信息，电话通信协议用户的开户、逾期信息，公用事业个人用户的严重欠缴信息，大学生助学贷款的申请与还款信息，等等。但目前，我国个人信用信息基础数据库只包含银行信用记录，主要包括借款人和信用卡持有人的基本信息和信贷信息，并且主要用于银行内部共享。严格来说，这样的信用信息数据库尚不能称之为完整的信用档案，也不能真实全面地反映和监督个体的信用行为。

4.2.2.2 个人信用信息基础数据库和企业信用信息基础数据库收录量较少

国家发展改革委的调查显示，我国有中小企业大约4 240万户，还有众多的大型企业、中介机构、事业单位、社会团体组织，而中国人民银行企业信用数据库仅收录1 000多万家，仅600多万户有信贷记录，而个人信用数据库仅1亿多人有记录，这与全国庞大的企业数量和人口数量相比，显然是微不足道的，大部分企业、社会组织和个人仍然游离于信用档案的监督和约束之外。

4.2.2.3 企业信用信息尚未实现共享

目前,中国人民银行建立的企业信用数据库主要用于各个商业银行,还没有与全国其他行业和地方建立的信用数据库实现联网。尽管新闻媒体和各个信用信息网每年都会公布失信企业"黑名单",也会对部分诚实守信企业给予表彰和奖励,但公布的毕竟只是极少一部分,大部分企业的信用状况仍然是不透明的。

4.2.2.4 非银行信用信息难以在信用信息系统中反映出来

目前,我国居民的收入和支出尚没有完全通过银行系统,有很多灰色收入或现金收入,导致其真实的收入数据失真,其消费和负债情况银行也很难掌握,所以银行无法做出准确的家庭或个人的收入、支出、资产、债务情况的系统报表,这就导致缺乏个人资产评估的准确数据,但是,个人资产与收入又是信用档案最基础的原始支撑数据。我国信用信息档案收录的主要是个人或法人与银行发生经济关系时产生的记录,而与银行不相关的却又非常重要的信用信息难以在信用信息档案中体现出来。如一个企业不履行合同或进行了合同诈骗,企业在某个经营环节弄虚作假,则很难出现在信用档案中;一个人在单位受到了奖励或者进行了欺诈活动,很难被录入信用档案。信用档案作为一种查验凭证,必须是准确的和全面的,只有完整真实的信用档案才能客观反映个人或企业的信用状况,其他个人信用信息仍然分散于税务、司法、学校以及工作单位等部门,这部分信用信息同样也是反映和考察个人、企业信用状况的重要依据,但并未被采集,更没有被公开。众所周知,一个有良好银行信用记录,但在其他社会活动中屡屡失信的人,并不能称其为诚实守信。银行记录并不能全面如实地反映一个人的信用状况。如果严格界定的话,这种收录人数少并且只包含银行信用记录的数据库尚不能称之为个人信用档案,只能局限在银行内部使用,并不能对社会开放。这种征信范围过于狭窄的现状,不但影响了个人信用档案的全面性和可信度,更会使得信用档案对个人的约束能力大大降低,甚至会误导个人错误的信用观念和行为,形成只重视银行信用轻视其他信用的不良社会风气。

4.2.3 信用档案应用局限性强

发达国家的企业和个人信用意识很强,信用报告在个人求学、求职、晋升、申请贷款、申领信用卡、买房等活动中都作为重要的参考依据。在美国假如某人有一笔不良的信用记录,那么他在日后的求学、求职、申请贷款中都会处处受挫。拥有一条考试作弊的负面记录,往往会导致美国人在日后的求职、借贷中处处碰壁。企业、银行、保险公司、零售商、房地产商、雇主以及政府等都是信用产品的消费主体,个人也经常查询信用信息,关注自身的信用状况。而在我国,个人信用信息档案只是用做银行放贷时的考察依据,其使用范围仅仅限于银行内部,只是在个人申请银行贷款时才进行查询。这种应用范围的极端有限性主要有以下两个方面的负面影响:

(1)影响信用系统的可持续发展,信用信息系统难以盈利,建立和维持信用数据库系统需要巨额资金支持,如果系统长期亏损,信用信息的采集、系统运营等都会发生困难。

(2)只能影响企业或个人与银行的经济关系,而在更广泛的其他社会活动领域,信用档案就难以进行约束和监督,不利于形成良好的社会信用环境。

全国建立个人和企业信用档案的最终目标也是形成全社会普遍重诚信守信誉的良好风气,但从目前信用档案的应用范围来看,还远远不能达到约束个体行为,提升社会信用意识的目的,更难以形成大规模的个人信用产业。

4.2.4 非银行信用信息极度分散

目前,非银行个人信用信息包含居民身份、纳税、养老保险、住房公积金、犯罪记录、电话、水煤电等费用的缴纳信息等二十多种,企业信用信息包括企业注册、产品质量、负债、资产、税收等十几种。这些信用信息分散于公安、税务、工商、电信、社会养老、住房公积金中心、企事业单位、学校等三十多个部门。信用信息的采集面临诸多困难。

4.2.4.1 各部门普遍缺乏信息公开意识

掌握信用信息的各个部门各自为政、条块分割，致使各类信用信息严重分散，缺乏统一的规划和管理。首先，将本部门持有的信息看做是私有资产，并借此进行“权利寻租”，信息公开会减少其寻租收益。其次，提供信用信息并不能给各部门带来直接的收益，还要耗费一定的人力和物力。再次，信息公开和共享涉及隐私权保护等一系列敏感问题，可能会与原有的《中华人民共和国保密法》冲突，若提供的信息不准确也会带来不必要的纠纷和麻烦，由于担心承担公开信息之后的责任，所以“因噎废食”，拒绝提供信息。

鉴于以上几个原因，掌握信用信息的部门不会主动公开信用信息，也不愿意积极配合征信部门的工作。

4.2.4.2 技术条件上难以实现共享

非银行信用信息分散于三十多个部门，由于缺乏统一的标准规范，各个部门使用的软件千差万别，信息生产和存储的格式不一致，信息保存的完整程度存在较大差异，有相当一部分信息由于技术原因不能使用，甚至还有许多部门仍然沿用传统的手工操作——纸质保管的方法，这些问题使得非银行信用信息征集工作很难开展。

4.2.4.3 缺乏资金支持

征信是一项庞大的系统工程，购置设备、软件开发、系统维护、人才培训以及支付各类工作人员的工资，都需要巨额的资金支持。尤其是我国非银行信用信息严重分散，而目前商业信用信息服务市场尚未形成，大规模的征信工作主要靠政府牵头实施，所需的费用来自于政府拨款，资金来源不稳定，特别是欠发达地区的地方财政更是难以承担巨额的开发和维护费用。

4.2.4.4 征信权利不明确

国务院曾明确赋予中国人民银行管理信贷征信业，负责银行信用信息的征集和管理工作等职责，自 2005 年起，人民银行组建个人和企业信用信息基础数据库，并负责管理和维护。但在信用体系建设、非银行信用信息征集等方面，国家没有对任何组织和单位做出明确授权，也没有成立相关的征信领导机构和管理部门。由此，造成人民银行仅征集银行信息，非银行信用信息仍然高度分散，而民间的征信公司在采集信用信息时常常由于“名不正言不顺”而遭到有关部门的拒绝。

4.2.5 信用信息公开力度浅

《个人信用信息基础数据库管理暂行办法》第三条规定，个人信用信息基础数据库采集、整理、保存个人信用信息，为商业银行和个人提供信用报告查询服务，为货币政策制定、金融监管和法律、法规规定的其他用途提供有关信息服务。从第三条规定可以明确看出，个人信用信息基础数据库的服务对象是商业银行或者信用信息档案的拥有者本人，其他机构或个人不能进行查询。就企业信用信息基础数据库来看，其使用对象主要以商业银行等金融机构为主，而企业可以查自己的信用状况。这种规定在很大程度上限制了信用档案的使用范围，把信用档案使用范围限制在金融领域，只是各商业银行才有使用信用档案的权利，无疑大大降低了信用档案的社会价值和使用价值，这与建立信用体系的宗旨是背道而驰的。我国建立信用体系的目的，就是要普及信用知识，使守信者受到激励，失信者受到应有的惩罚，诚信的观念渗透到全社会，营造良好的社会信用环境，在社会一切可能的应用领域都使用信用档案，促使全社会人人都关注信用、讲究信用。如果仅仅把信用档案局限在金融领域，促使全社会形成良好信用环境的最终目标就难以实现。因为这种系统，对失信者来说，其影响不大，即使某个企业或个人屡屡发生失信行为，其影响只在金融领域，全社会其他领域都不知道，那么这个人或企业，还可以在其他领域把失信行为继续进行下去，长此以往，失信者得不到应有的惩罚，就会严重打击讲信用者的士气，讲信用还有什么价值？

企业、个人信用档案乃至整个社会信用体系应该遵守的一个基本原则是，失信的“期望成本”一定要超过失信的“期望收益”，守信的“期望收益”要大于守信的“期望成本”❶。从美国信用信息系统使用情况来看，其是一种相对开放的系统，只要是社会上符合特定条件的组织都

❶ 林钧跃. 失信惩罚机制的设计和维护[J]. 经济社会体制比较，2002(3)：1-6.

可以查询，即评估信用是为了维护与当事人有关的经济活动或社会活动的安全的需要，这样不但促使美国形成全世界最大的信用市场，而且也迫使每个人都自觉讲究和维护自己的信用，关注自己的信用报告。也就是说，美国信用记录的相对公开，事实上就是对个人行为最有效的监督和约束，能够显著降低失信行为的发生。

我国个人信用档案可以说是处于一种封闭的状态，不能使信用不佳的个人在银行借贷以外的活动中受到约束和惩戒。公开的程度过低就会显著降低个人信用档案对失信者的威慑力，影响其监督和约束功能的发挥，特别是随着个人信用档案征信范围的扩大和功能的完善，必须要加大信用信息的公开程度，让失信者无处藏身。

4.2.6 信用档案的市场需求不足

美国是世界上最发达的征信国家，全社会都非常重视信用信息，企业和个人密切关注自己的信用记录，并经常付费查询信用报告。三大信用局每年出售 6 亿多份个人信用报告，收入超过 100 亿美元[1]。正是如此强大的市场空间，才使得各类信用服务机构能够发展和壮大，并在市场竞争中不断提高产品和服务的质量，由此形成了美国信用市场的繁荣局面。与此相反，我国的信用产品需求不足，信用信息市场尚未形成，业已开通的个人信用信息基础数据库是由政府财政支撑的非盈利系统。按照中国人民银行颁布的《个人信用信息基础数据库管理暂行办法》的规定，商业银行只有在审核贷款申请，审核个人贷记卡、准贷记卡，审核个人作为担保人、贷后风险管理这几种情况下，才能向基础数据库查询个人信用报告，并要征得本人同意。实际上，信用信息仅限于银行内部自产自销，而个人在就业、购买保险、购房等其他社会活动时都不需要使用信用信息，况且大部分个人信用信息仍然游离于个人信用信息基础数据库之外。因此，很少有人真正关注信用档案，更不会有个人和企业愿意付费进行查询。没有查询需求就没有利润，没有利润就没有市场，政府支持的征信机构难以扩大规模和长期运营，私营

[1] 张铁．略谈美国的个人信用档案管理[J]．兰台世界，2004(6)．

的征信公司也不愿意介入。个人和企业普遍对自身的信用档案漠不关心,信用档案难以实现其监督和约束功能,由此,信用信息服务市场陷入恶性循环。

随着信用观念逐步深入人心,企业、政府机构、社会组织以及社会公众已经开始认识到信用的重要意义,并逐渐运用信用为经济活动和其他活动服务。根据中央银行征信中心数据显示,仅 2010 年第三季度,商业银行利用征信系统,拒绝高风险客户信贷业务申请 661.9 亿元,预警高风险贷款 480.7 亿元,清收不良贷款 47.3 亿元。2006 年仅有 97 人次主动查询信用报告,而到 2010 年已达到 127.5 万人次。但信用市场的发展与我国庞大的潜在的信用需求极不相称,按照 2000 年第五次全国人口普查公报,我国有 12.6 亿人口,其中城镇人口约 4.56 亿,农村人口约 8.04 亿,如果城镇按人口 40% 的比例建立起个人信用档案,则有 1.824 亿人口将进入个人信用系统;农村按 20% 的人口比例建立起个人信用档案,将有 1.608 亿人口进入个人信用系统。显然,需要社会各界人士一起努力,共同培育良性的信用消费市场,为提高信用档案的利用率打下基础。

4.2.7 社会公众对信用信息档案建设存在疑虑

国外对于信用档案的格式、采集、使用等都有严格的法律规定。如美国法律对个人信用信息管理的整个过程都起到具体的规范和指导作用,信息采集的范围、内容、方式,加工整理的原则、参考因素,信用报告的使用权限、目的、传播范围,信用信息的公开尺度、披露的具体项目内容、有效期限以及隐私权保护等细节问题,法律中都有明确规定。例如,美国《平等信用机会法》和《公平信用报行法》规定,种族、肤色、宗教、职位、居住地、婚姻状况等涉及隐私权的因素不得作为评分系统的考虑因素。法律还规定超过法定记录期限的个人负面信用信息记录应该予以撤销,例如超过 10 年的破产记录、超过 7 年的诉讼或判决,等等。对于各个征信机构来说,这些具体细致的法律规定实际上形成了相对统一的个人信用信息管理的标准和规范。与此同时,细致明确的法律规定,使美国各个征信局的个人信用信息管理工作遵从相对统一的标准，因此美国个人信用信息服务行业呈现出规范有序的市场状态。

我国的信用档案信息主要来自于商业银行，这本身就使一些公众对数据产生疑虑和不信任，主要原因如下：

第一，长期以来，我国商业银行由于受制于非市场经济体制，主要以货币资金的管理者和经营者角色体现其性质和宗旨，服务意识差，现在一些公众进了银行，感觉就像进了衙门。

第二，银行收费不透明，没有完全公开告知客户，多收费、乱收费现象存在。

第三，一些银行工作人员服务态度差，唯利是图，如一些年纪大的顾客去银行存款时，有些工作人员向这些顾客推荐保险、基金等理财性业务，而没有告知其存在的风险。

第四，一些银行存在欺骗客户现象。一些银行为了完成任务，多发信用卡，只是告知顾客信用卡的好处，对于存在的种种风险却闭口不谈。如银行的业务员在推销信用卡时，只是一味地鼓吹"花明天的钱，圆今天的梦"的消费理念，还大肆宣传信用卡的透支功能，美其名曰"是美国人的消费方式"，却对信用卡的年费、利息、滞纳金、罚金以及由此可能产生的债务风险闭口不谈。更有甚者，有的业务员还诱惑一般民众"信用卡可以套现"、"可以多办理几家银行的信用卡，以卡养卡"，等等，把一些没有自制力的年轻人套在信用卡消费的陷阱里，最后导致其背上沉重的银行债务，这样的案例在国内时常见到。还有一些银行通过关系到高校、企业等单位集体办理银行卡，而根本没有告知本人。可以说银行滥发信用卡，破坏了国内正常的信贷环境和信用环境，不进行风险提醒和解释，只是为了追逐银行的利益，使人们对银行的社会责任产生了怀疑。

第五，由于银行自身原因而导致的顾客不良好的信用记录，会在顾客毫无察觉的情况下记入信用档案，银行既不承担责任，也不告知顾客。四川省消费者委员会（简称消委会）2010 年对成都市内的 41 家银行及储蓄网点进行了暗访调查，发现大部分的商业银行存在服务收费情况。收费的主要项目是"零钞清点"、"小额账户管理"、"打印账单"等十余种。调查显示，80.49% 的银行网点对收费项目没有进行张贴公示,78.05%的银行业务人员对收费项目和依据不清楚。消委会在调查中发现,75.61%的银行网点存在长时间排队等候现象❶。

银行与客户之间是服务与被服务的关系,如果征信档案单纯由银行说了算,就把客户置于完全不平等地位。客户产生的不良信用记录可能有以下几种情况:一是银行单方面的责任;二是客户的责任,但是银行没有尽到告知提醒的责任;三是单纯是客户的责任。前两种情况,就会造成银行挟信用以令客户,迫使客户为银行的过错承担责任。

2009年10月12日,国务院法制办公室公布了《征信管理条例(征求意见稿)》,公开征求意见。中央银行有关官员表示,今后个人水电气缴费情况、偷税漏税情况,将逐步纳入信用记录。一些地方部门和行业机构"扩容"范围更宽泛。这个征求意见稿公布以后,《长江日报》做了一个调查,结果显示,选择"反对"的占25.12%,选择"说不清"的占30.25%。许多人表示不解或反对,认为信用报告影响信贷消费、个人求职、信用管理、经济交往,关系重大。信用问题,有些涉及诸多复杂因素,应慎添内容❷。36%的被调查者期盼征信系统别成为垄断机构胁迫个人的工具,受访者表示,现在垄断企业服务态度不好,电表故障性快跑得交费、手机账户的费用被莫名其妙地扣除,等等,不问青红皂白把这些信息加入到征信系统,无疑是为垄断企业再添利器。

目前,我国中央银行征信系统建立的自然人信用档案,完全是中央银行独自从各银行、电信部门、保险公司、房管部门、税务等机构收集的信息,中央银行既不去核实这些信息的真伪以及不良信息形成的原因,不管三七二十一把所有信息都收集到个人信用数据库里,也不通知本人,无情地剥夺了消费者的知情权,还不允许消费者在网上查询个人的信用信息,而且一旦消费者有不良信息的记录,个人也不知道如何消除这些不良信用记录,挽回自己的信用。因此,中央银行执行的这种信用

---

❶ 四川专家消费者炮轰商业银行服务质量和收费问题[EB/OL].[2010-10-15].http://www.chinanews.com.cn/fortune/2010/09-09/2523194.shtml.

❷ 调查称多数人主张征信内容应全国统一[EB/OL].[2010-10-10].http://www.sina.com.cn.

系统存在一定的问题，近几年，不断地被新闻媒体和消费者质疑。究其原因，就是信用信息的采集、使用、管理、查询、修改等都没有法律规定和统一的标准。

4.2.8 经营模式比较单一

我国的个人和企业信用信息基础数据库完全是由国内的商业银行在使用，对于个人查询自己的信用情况是免费的，归根结底只是银行系统的一个工具。这种单一经营模式的负面影响主要有：

(1)缺乏经济利益的诱导和市场竞争的压力，加之经营管理方式单一，使得个人信用档案服务效率低、规模难以扩大。

(2)提供征信服务的机构必须具有"中立"的特性，要求征信公司能够客观地报道信用信息，但目前的经营方式受制于政府和银行，很难实现"中立"。

(3)个人信用档案系统耗资巨大，如果长期非盈利经营，可能会因为难以支付巨额的维护费用而夭折。

(4)难以应对国外信用信息服务公司的竞争。目前，国外几家较大的个人征信公司已经开始将其业务扩张到我国国内，它们中的一些公司已经有百年的发展历史，例如环联公司，其业务广泛，服务水平高，财力、人力、技术力量雄厚。我国作为第一人口大国，其市场潜力是足以吸引国外的征信公司"逐鹿中原"的，所以我国也应该允许有实力的公司进入征信领域，提高我国信用服务业的竞争实力和服务水平。

4.2.9 缺乏科学的信用评价体系

信用信息档案系统建设好以后，要提高信用档案的利用率和效能，就必须做好信用档案的科学评估工作。信用评估是整个信用体系中一个重要的环节，因为来自众多部门的庞杂的档案信息资源，无法直接提供给客户使用，还必须经过信用信息的处理和评估这项环节。按照一定的标准和评估指标，对信用档案资源进行加工，以规范的形式和方便客户接受的方式提供给客户利用。

美国信用市场发展的主要因素就是建立了科学、有效的信用评估体系，从事信用评价的机构主要可分为面向资本市场的信用评价机构、面向商业市场的信用评价机构和面向消费者的信用评价机构三类。面向资本市场的信用评价机构主要对国家、银行、证券公司、基金、债券及上市企业的信用进行评价，面向商业市场的信用评价机构主要对各类大中小企业进行信用调查和评价，面向消费者进行信用评价的机构在美国称为信用局或消费信用报告机构。以个人信用报告为例，环联公司为保证消费者的个人信用报告准确、及时、完整，每个月至少要对每个人的记录更新12次，信用评估根据信用资料中的五项基本内容进行打分，这五项内容是：付账记录、未偿还债务、开立账户的时间长短、贷款情况和使用过的信贷种类。分数为325～900分，680分以上为信用优良，620～680分为信用中等，620分以下为信用不良。在美国，开立新账户、安装电话、签发个人支票、申请信用卡、购买汽车和房子，都需要这个分数。除普通的个人信用调查外，信用局还推出一系列专业的个人信用报告，例如，个人购房贷款信用报告、个人就业报告，等等，供不同的机构和部门使用。查个人信用报告要经本人同意，每份只要一两美元。金融机构发放个人消费信贷，商场向顾客发放购物卡，租赁公司考察个人用户，公用事业公司开通服务，雇主了解应聘者的品质，公司追讨债务，税务部门征收税款，都要以个人信用报告作为参考或依据。普通信用报告每份1美元，专门的信用报告每份2美元。为了更好地接受个人监督，信用公司特别推出了两种供个人查询以掌握自己信用记录的服务。一种是免费的，当一个人的个人信用记录被某些机构调查过之后，信用局会在30天内免费把调查内容做成报告送给被调查人。另一种是收费的，是指任何个人可以花钱订购自己的信用报告，随时掌握自己信用档案中的情况，这种服务的收费一般为每年几十美元[1]。

美国国内信用评估业发达，穆迪、标准普尔和惠誉国际评级公司这三家公司是世界上最大的信用评价公司，美国三大评价公司垄断了整

---

[1] 在美国五项内容评估信用等级[EB/OL].[2010-11-01].http://www.chinaport.gov.cn/info/view.do?id=11188923460001.

个评级业务的95%，在国际信用评级领域形成了以美国三大信用评价公司为主体的寡头垄断格局。

信用作为当代社会经济发展的重要软资源，已成为国家经济运行中不可或缺的价值标准。我们推行的是具有中国特色的市场经济体系，建立的信用评级体系也就应当具有中国特色。可是，虽然我们有500多家从事信用评估、征信、调查、担保和咨询的公司，但这些公司大都规模小，也有几家大的信用评估公司，但美国企业从2006年开始大规模收购我国的信用评级机构，不到两年的时间，就收购了中国信用评级机构的三家龙头企业，控制了我国2/3以上的信用评级市场[1]。

目前我国信用评估中主要存在以下问题：

第一，我国没有从经济战略这个高度重视信用评估业，信用评估没有一套通行的国家标准，在我国大行其道的美国信用评估，其实推行的是美国价值观，所以我们必须从国家经济安全的角度重视信用评估，加大在国际评估市场的话语权，建立具有中国特色的信用评估业；

第二，我国信用评价体系是从西方学来的，还没有一套具有中国特色的信用评级系统，老是跟在别人后面走，就会面临被美国机构控制话语权的问题；

第三，我国政府在信用评估方面没有很好发挥宏观的引导作用，没有一个科学、规范的关于信用评估的立法；

第四，各个信用评估机构采用的评价标准不一，同一信息可能产生相异的评估结果；

第五，信用评估主要针对大中型企业，而众多的小型企业、民营企业、个人的信用评估却没有开展；

第六，缺乏信用评估的人才。

中国人民银行征信中心出具的个人信用报告主要包括个人身份信息和信用交易信息，是个人信用情况以表格和数据形式进行的客观描述，中国人民银行只是以客观、中立的原则如实地对采集的个人信用信

---

[1] 美国垄断国际评级市场，谁来掌控中国信用评估？[EB/OL].[2010-11-01]. http://commerce.dbw.cn/system/2010/07/01/000252318.shtml.

息进行整合、汇总，这说明中国人民银行征信中心只是承担了信用信息的集合功能。这种客观的信用报告在使用时是很不方便的，因为要准确评价一个信用报告，需要花时间对信用报告的每一个数据进行阅读和判断，无疑阅读这种表格式的报告很花时间，所以信用报告要想获得更广泛的使用和推广，就必须以更直观、简洁，客户乐意接受的方式出现，就要求以一种科学的评价标准体系，对每个信用档案的原始信用信息进行分析加工，不但能以最直接、最方便的方式阅读，而且客户看了每一份信用报告后都能很快了解一个人的信用情况。我们借鉴国外的信用评级体系，建立有中国特色的信用评价体系，迫在眉睫。这也要求中国人民银行征信中心必须重视信用评价工作，尽快建立一套科学的评价体系，为社会、个人提供服务，否则个人信用档案一直处在深闺，无法走向社会大众。

4.2.10 全国经济发展区域差距较大

根据发达国家的经验，当人均 GDP 超过 3 000 美元时，个人才会表现出巨大的信用消费欲望，信用消费的力量在经济中的作用才能显示出来。2009 年我国人均 GDP 为 3 315 美元，单纯从人均 GDP 这个数字来看，我国已经达到信用消费的社会经济水平，但是我国和发达国家相比较来看，国外发达国家的居民收入不但在国民收入中占的比重高，而且国家收入的大部分都用于医疗、社保、教育等方面支出，我国居民收入不但占国民收入的比重低（我国 2009 年居民收入占国民收入比重为 39%，而在美国，居民收入占国民收入比重高达 70%），而且国家收入的大部分都用于行政经费开支、基本建设等方面，在医疗、养老、教育等方面的支出远远低于发达国家，在 2004 年我国用于公共服务和社会管理的支出总量为 25%，美国为 75%。所以，从整体上来说，我国信用消费的客观环境还受到经济发展的制约，居民把钱存起来多计划用于医疗、教育、养老等方面，愿意信用消费的人群还不多。由于我国经济发展很不平衡，东西部地区差别巨大，东部沿海地区经济较为发达，而很多地方经济发展相对滞后，人们现在还没有信用消费的意识，所以仅在经济发达的东部地区和内地的一些大中型城市，具备了信用消费的经济条件。与经济发展相适应的是，我国很多经济发展落后的地区，计算机网络的应用还受到许多局限，而现代信用信息档案建设要求必须以电子档案为主体，以网络为主要传播方式，以资源共享为使用的基础，所以经济不发达地区的技术条件也制约了信用档案的发展。

4.3 加快和发展国内信用档案利用的策略

4.3.1 建立完备的信用档案管理法律体系

信用信息档案管理工作的开展乃至整个社会信用体系的建设都应该做到立法先行，信用信息的采集、加工、传播和利用都需要有相关法律法规的指导和保障。个人和企业信用信息管理的整个过程及其所涉及的方方面面，例如征信的范围方式、信息加工整理的原则、信息产品公开和利用的范围、个人隐私权的保护、个人权益受损时的申诉办法以及该法律的解释和仲裁机构，等等，法律中都应该有明确的说明，但到目前为止，我国并没有相关的信用管理法律出台。当前我国信用信息不透明、信用信息服务落后，失信、违约、诈骗、不正当竞争等行为的产生，就是因为没有相应的信用法规。

而与我国相反，美国发达的信用信息管理正是归功于完备的法律体系。20 世纪 60 ~80 年代，在原有的信用管理法律法规基础上，根据经济形势和社会发展的变化，美国政府进一步加强和完善了相关法规，最终形成了以 16 项最基本的信用管理法规为基础的信用体系。这 16 项法律是《公平信用报告法》、《公平债务催收作业法》、《平等信用机会法》、《公平信用结账法》、《诚实租借法》、《信用卡发行法》、《公平信用和贷记卡揭露法》、《电子资金转账法》、《储蓄机构违规和现金控制法》、《甘圣哲曼储蓄机构法》、《银行平等竞争法》、《房屋抵押揭露法》、《房屋贷款人保护法》、《金融机构改革—恢复—强制执行法》、《社区再投资法》、《信用修复机构法》。除了这些法律，美国一些相关的法律也对规范信用市场健康发展起着非常重要的作用，如《隐私权保护法》平衡美国公民的隐私信息的公开与保护，《信息自由法》则规定能够公开的信用信息一定得公开。美国制定这些法律的目标主要是,促进和稳定美国经济发展、保护消费者隐私权和企业商业秘密、解决一些特殊的社会问题。这些法律相互支撑和交织,共同构成了在世界上最为完善和领先的美国信用市场的法律环境。这些法律也是美国市场经济的最基础法律。

我国的个人信用信息分散于银行、工商、法院、税务、公安、经贸管理部门、保险公司、公用事业单位、房管部门等各个机构,这些机构又普遍缺乏主动公开信息或者协助征信部门采集信息的自觉性和积极性。法律的缺失不仅会使征信工作步履维艰,更会造成已经开展的工作混乱和不规范,事实上个人信用信息管理方面的许多问题追根溯源都可以归结为相关法律的缺失。据报道,2000 年依托政府成立的昆明资信投资公司,作为一家提供个人信用信息查询服务的征信公司,由于在成立时被告知个人信用信息绝大部分不能有偿使用,且没有具体的法律指导和保护,因而大部分业务都难以正常开展,导致营运困难❶。

在充分结合我国具体国情的前提之下,美国法律中的许多具体内容我国立法部门都可以直接参照执行或者修改适用。当前,我国应当着重做好以下几方面立法工作:

第一,修改现有的相关法律法规,如《中华人民共和国保密法》、《中华人民共和国破产法》、《中华人民共和国档案法》、《税收征收管理法》、《银行法》等,在强制公开大部分征信数据的同时,适度保密;

第二,借鉴美国等发达国家经验,适时出台适合中国国情的《公平信用报告法》、《个人隐私保护法》、《个人破产法》、《信用数据保护法》等,形成一套完整的规范信用活动的法律体系;

第三,以法律形式规范信用信息的公开、采集范围和使用程序;

第四,建立专门执法机构,加强对整个信用行业的管理,敦促与信用相关的中介组织、公司不断完善内部的管理制度,以法律、经济手段规范其行为;

---

❶ 晏清. 信用交易难逾个人隐私权　昆明资信饿倒在金山前[N]. 中国青年报,2002-07-15.

第五，尽快颁布实施《征信管理条例》，虽然国务院在 2009 年 10 月 13 日公布了《征信管理条例(征求意见稿)》，向全社会征求意见，但尚不知道何时能出台实施，应加快将各方面的意见汇总，对其进行修正，尽早颁布实施；

第六，加大对失信行为的惩罚力度，从法律到相关的政策等各方面都要制定一套完善的、相配套的对失信行为的处罚机制。

4.3.2 以电子政务网络为基础尽快实现政府信用信息资源共享

西方发达国家用了百年之久才建立起较为完善的社会信用体系，我国的信用体系建设起步较晚，如果仍然沿用国外的渐进式发展模式，不仅时间漫长，耗资巨大，而且根本无法满足市场经济的现实需求。而我国的现实国情是 80% 的信息掌握在政府手中，且信息处于极度分散和封闭的状态，电子政务无疑为信息共享提供了前所未有的发展良机。电子政务是互联网发展与政府改革相结合的产物，电子政务网络可以把一定区域乃至全国的行政机关连接在一起，真正实现资源共享。以河南省为例，河南省的信用建设也必须要借助于电子政务的建设成果，2004 年 9 月，河南省电子政务网开始建设，2005 年 3 月正式投入运营。目前，河南省的电子政务建设处于快速发展阶段，广域传输骨干网和省直城域网已经初步建成。有关部门最新的统计数据显示，河南省 18 个省辖市政府全部建有各自的门户网站，47 个省政府组成部门中，38 个部门建有网站，网站拥有率为 81% 。电子政务网络连接省内外各个政府部门，打破了部门间条块分割、互相封闭的状态，构建了政府信息资源的共享平台。信用信息的采集、加工、存储和流通都可以借助于政务网络完成。因此，基于电子政务实现信用信息共享对于全国的信用建设，都是最为快捷、高效、低成本的特色化发展道路。

要实现信用信息档案资源共享，首先，政府要把信用信息资源共享作为政府信息化的一项重要工作，并纳入地方信息化发展规划。在“十一五”信息化发展规划中，很多地方都把信用信息系统建设作为一项重要工作来抓。在“十二五”规划中，各地不仅要继续重视信用信息系统建设，更要重视信用档案资源的共享。其次，必须解决各部门信用信息档案的标准化问题，从信用信息的征集、整理、保管、传输，乃至检索、利用整个环节，要数据规范、标准统一。再次，利用电子政务网络，逐步实现政府各部门、信用管理公司、征信中心、银行等方面的个人和企业的信用信息互联互通和共享。最后，建立信用档案的统一查询平台。目前个人要查询自己的信用情况，必须到各地的中国人民银行征信分中心，提交证件进行纸质查询。这种方式很麻烦，不利于消费者及时了解个人的信用情况，因此有必要建立统一的信用信息查询平台，在保证系统数据安全的前提下，授权个人可以通过网络查询自己的信用档案。

4.3.3　以政府信用建设带动企业和个人信用建设

政府在国家经济、社会发展中居于主导地位，政府信用居于社会信用体系中的核心地位，因此政府信用是整个社会信用的基础。政府守信就会带动整个社会形成良好的信用气氛。政府失信对企业信用和个人信用具有极强的侵蚀与传染作用。

在信用发达国家，政府是有限的政府，行政高度透明，政府专注于社会经济的长远规划、社会公益事业建设等方面，不干涉企业、个人的微观的经济活动，注重提高公共服务的效率、效果和质量，政府服务以公众需要和市场需求为导向，因此政府信用程度也较高。

由于传统行政影响，我国各级政府是“全能型大政府”，一直奉行行政主导型的社会管理模式，政府的权利也无限大，包揽地方上一切事务的决策和管理，而且政府决策也不透明，政府行政行为约束机制不健全，偏重于管理而不是服务。一些政府官员把一些正当的“上访”群众视为“违法”、“犯上”，从而禁止，甚至迫害。曾有一个电视访谈节目，中国的市长与美国市长见面，在电视上大包大揽地邀请对方来华访问，提供所有的路费与食宿费用，令美国市长大为吃惊。因为，美国市长在这种事情上是必须首先向议会提出议案的，并且经议会批准，因为市政经费来自于纳税人，个人没有这项权利，而中国市长敢于提出这个邀请，在于这个事情在他的权利范围内不值一提。

新加坡国立大学东亚研究所所长郑永年在《不信任砌成中国墙》一文中说，中国没有“柏林墙”，但由高强度的“不信任”砌成的“墙”却存在于社会各个群体和各个角色之间，在政府和人民之间，在穷人和富人之间……不一而足。

中国社科院早前曾做过一项民意调查，在中央、省、市、县、乡、村各级政府中，老百姓的信任感与支持感呈现递减趋势，到乡村一级，老百姓普遍持不信任甚至反对的立场。这个调查结果说明，随着经济的快速发展，市、县、乡政府部门受地方利益驱使和单纯地增加 GDP，一些行为已经损害了老百姓的利益，说话不算话，朝令夕改，政府部门为了追求所谓的政绩，暴力拆迁，以破坏环境为代价发展经济，等等，造成老百姓对政府的不信任，政府拥有无所不能的权力，而民众缺乏制约政府权力的能力，对政府的违约行为更是束手无策。这几年在经济发展过程中，政府机构臃肿、人浮于事、片面强调保障行政优先权、花钱大手大脚、浪费严重，统计部门发布的统计数据常常遭到公众的质疑（如 2009 年全国 31 个省（区、市）公布的上半年 GDP 之和，比国家统计局发布的上半年国内生产总值约多出 1.4 万亿元[1]，社会已经存在对统计数字的信任危机），这些情况的存在更加加重了老百姓对政府的不信任。目前，政府与公众之间的对立与不信任的裂痕主要表现在以下三个方面：

第一，在社会急剧转型的过程中，利益分化严重。在许多普通民众，特别是弱势群体看来，官商勾结、官员腐败以及政策不公等，损害了他们的利益。

第二，民意表达的渠道、老百姓反映自己利益诉求的渠道比较狭窄，而且障碍重重。

第三，政务公开、信息公开以及社会监督、媒体监督经常难以落实。

---

[1] 统计数据多次被人质疑 政府公信力受挫伤[EB/OL].[2010-10-05].http://news.sohu.com/s2009/tjgdp.

凡此种种，均损害政府形象，拉大官民距离，加剧社会的不信任感[1]。

所以，我们要建立信用制度，建立人与人之间良好的信任关系，关键在于政府。政府的行为起着模范带头和引导作用，各级政府的公职人员要诚实地面对老百姓，履行对社会和老百姓的承诺，政府要诚实地做好社会管理，真心实意地为老百姓服务，树立人民的公仆意识，而不是高高在上管理人民，政府需要做好以下几方面工作：

第一，在发展经济的同时，政府要关注公平、正义，重塑社会秩序，无论从宏观还是从微观，都要注重按规则秩序办事，杜绝走捷径的现象；

第二，政府的行为要在法制轨道下进行，政府不能随意超越法律，对于政府的违法行为要进行严格处罚，重视法制建设，促使每个人都做一个守法国民；

第三，政府要转变职能，由管理转向服务，从权力无限大的政府转向权力有限政府，对政府的权力要进行制约；

第四，转变发展观念，真正由单纯追求 GDP 转向科学发展，在注重经济发展的同时，注意与老百姓密切相关的教育、养老、医疗、劳保等方面协调发展；

第五，政府要规范财政支出行为，事先做好财政预算，并向社会详细公布财政预算，接受社会公众的监督；

第六，赋予新闻媒体对政府一定的监督权，鼓励媒体讲真话、实话，报道事实，建立一套行之有效的媒体对政府机关和官员的监督体系；

第七，政府要做好信息公开工作，凡是能公开的政府信息都要公开，向社会和百姓承诺的事情要及时办到，即使最后办不到，也要向公众作出交代和检讨；

第八，充分利用政府网络平台，实现与老百姓和社会的良性互动，各级政府官员都要在政府网上经常和百姓在线交流，允许网民在政府

---

[1] 郭巍青.官民互动的当前趋势[EB/OL].[2010-10-05].http://people.rednet.cn/PeopleShow.asp? ID=546602.

网上讲真话、实话。

4.3.4 培育信用文化,形成良好的信用环境

市场经济是信用经济。市场的连续化和有序化需要信用作支撑,而没有制度性的信用保障,仅靠传统信用观念根本无力约束市场上的企业和个人。在社会信用建设过程中,仅靠制度促使人们守信,只能起到一种表面的约束作用,其内心深处未必就把信用放在至高的地位,所以在进行制度建设和完善的同时,我们还应该重视信用文化建设,使信用落实到社会的人们活动的每一个角落,形成"讲信用为荣,失信行为可耻"的荣辱观,使每个人都自然从内心深处愿意守信,做一个诚实可靠的人,自觉约束自己的行为,在与他人、企业、社会组织打交道时按照信用规则处理事务。

富阳、温州、汕头等城市曾饱尝失信之苦,也深刻地认识到传统的人伦信用观念必须在商品经济的大潮中转化为现代经济信用文化。在市场经济体制下,信用不仅是崇高的道德修养,更是企业和个人的无形资产。我国在今后的信用文化教育中,也必须正视时代的发展要求,摒弃"逐义弃利"的传统信用观念,以"扬弃"的态度对待传统文化,使底蕴深厚的中国文化能够在市场经济中得到升华。现代信用文化的主要目标是让每个社会成员从内心深处明白哪些东西是应该追求的,哪些东西是应该鄙视的,哪种行为会得到奖励,哪种行为会得到惩罚,从而使信用意识成为一种习惯,深入人们心中。在信用文化建设及普及教育中,特别是中小学道德教育中,不能使信用教育流于形式或者仅停留在口头承诺,重点应该是使诚信道德转化为守信行为。

另外,社会信用体系建设正在轰轰烈烈进行中,各地也纷纷开展信用工程建设,但如果公众参与热情不高,甚至对信用工程根本一无所知,漠不关心,那么信用建设注定要失败。

当前,我国信用经济发展滞后的一个重要原因,就是大多数人和企业普遍缺乏信用意识,不知信用档案可以给自己带来很多好处,甚至一些人不知道信用档案的存在,因此在一些经济活动中,无所顾忌地做一些不守信的行为,直到去银行贷款或者开办一些金融业务时,才知道有

不良的信用记录。因此,政府应该利用电视、报纸、因特网等媒体对信用建设进行宣传报道,广泛介绍信用档案的基本知识,宣传信用档案的重要性、必要性和紧迫性。首先,要让公众认识到社会信用体系建设的必要性,并对此予以积极配合和参与;其次,要让公众知道什么是社会信用体系,信用信息如何收集、传递、查询利用和更正,信用档案有何影响,如何利用良好的信用资源获得收益,以及如何积累和维护良好的信用记录。可以和企业合作,在新闻媒体上开展信用档案知识的有奖竞猜活动。也可以在新闻媒体,如网络或报纸上设信用专栏,在电视或广播中开设信用专题节目,拓展信用宣传的深度,可以就国外信用的历史、在经济活动中的作用、发达国家国民的信用意识等方面详细介绍。

在信用文化建设过程中,无论从宏观,还是从微观,都需要我们从方方面面培养信用文化。2010 年的上海世博会,世界各国把他们的文化与自然风光展示在上海,展示在中国,使我们不必跋涉,就能尽情欣赏世界各国的文化精华。与此同时,世博会也是展现中国礼仪之邦,向全世界展示中国古老文明和文化的绝佳时机。可是一些个人的失信的不文明行为,让人大跌眼镜,如一些游客乱插队、不服从指挥,甚至打斗(人们因为碰撞、插队、踩脚而爆发了各类口角),超龄儿童用婴儿车、健康人士坐轮椅走绿色通道,少数残疾人为赚钱一遍一遍地让一些游客推着轮椅把其带进去,游客在场馆大声喧哗,部分游客无视提醒不遵守规矩触碰展品,用饮用水洗手洗脸,在禁烟区随心所欲地抽烟,乱扔垃圾,甚至有游客大骂工作人员,作弊与反作弊(有的场馆工作人员戳穿一些人假装残疾人走绿色通道),破坏与反破坏,偷盗与反偷盗(如偷 3D 电影眼镜,波黑馆狭长走道上的液晶电视上的 8G U 盘被游人尽数拔光)。一些游客为了盖章和外国工作人员发生冲突,在丹麦馆,游客为争夺印章而与工作人员发生冲突,这被拍成视频传到了网上。一些游客为了盖章相互打斗,一些游客在盖章时未能如愿就大骂"死爱尔兰鬼"、"死丹麦鬼"、"死法国佬"……各种口音的咒骂足以令人崩溃。"四十年前的日本大阪世博会参观者突破 6 000 万人,日本一半的国民参加并见证了那场盛会,其成功的举办被公认为是日本国家现代化到来的标志。而上海世博会的价值正被低估,一个本来应该是全民科技的盛会正在成为一个只是养眼的景点。”一家上海媒体评论说❶。

本来上海世博会是中国人了解世界各国文化、经济、科技的一个极好机会，可是很多中国人仅仅是看热闹、来旅游。一些游客在世博会上的不佳表现，追根溯源则是中国人长期以来缺乏信用文化洗礼的集中表现。所以，各级政府部门、新闻媒体、理论界、各种教育机构、各个组织以及每个人都要认识到建设信用文化、营造全社会都讲信用氛围的重要意义，真正做到诚实守信光荣，办事顺利如意，失信不但可耻而且办事寸步难行。此外，全社会还要对不讲信用的行为，大胆阻止，如果形成了“对不守信用之人与行为，如过街老鼠，人人喊打”的风气，那么信用文化建设也就成功了。

4.3.5　扩大信用信息档案征信范围和信用信息的应用领域

制约我国社会信用体系发展的一个重要原因，就是当前征信信息收集范围狭窄，很多企业和个人的失信行为不能收入征信中心。如一个人实施了诈骗行为，若没有被公安部门抓住，则就很难发现；一个公司进行了合同诈骗，即使被骗人或被骗企业举报了，也很难进入征信系统；还有一些小的诈骗行为，则无法进入社会信用信息系统，如一个人乘火车不买票，即使被抓住，也是罚款了事，这样的行为是无法也根本不可能进入我国当前的征信系统的。点点滴滴的微小失信行为时常发生，就会使人们对失信行为习以为常，甚至觉得可以占便宜，这也是目前一些人屡屡发生失信行为的心理，守信吃亏、做老实人吃亏还深深印在一部分人脑海里。相反，在发达国家，人们守信的一个重要原因就是一个微小的失信行为就会被记入征信系统，会给其以后带来很多麻烦。一次偶然的逃票行为若被抓住，就会被查票员记下证件号码，然后把逃票记录传到征信系统，这就是一个可耻的信用污点，会被需要了解你信用的组织或人知道，那么就会对你的人品产生怀疑，后果难以预料：如意的工作可能就会被拒，贷款的成本就会成倍上升，到手的生意可能会

❶ 陈鸣.世博大看点——丑陋的中国人[EB/OL].[2010-11-05].http://www.webshibohui.com/index.php/article/jiangjieshibo/2010-10-12/18655.html.

泡汤，等等。无处不在的征信系统促使每一个人自觉守信。在德国有一个广泛流传的故事：一些城市的公共交通售票系统是自助的，也就是你想到哪个地方，根据目的地自行买票。没有检票员，甚至连随机性的抽查都非常少。一位中国留学生发现了这个管理上的漏洞，于是，很庆幸自己可以不用买票而坐车到处溜达，在几年的留学生活中，他一共只因逃票被抓过 3 次。毕业后，他试图在当地找工作。他向许多跨国公司投了自己的资料，虽然这些公司都在积极地开发亚太市场，可他都被拒绝了。"为什么要拒绝我？""因为我们查了你的信用记录，发现你有 3 次乘公车逃票被处罚的记录。你不值得信任，而我们公司许多工作是必须依靠信任进行的，可以确切地说，在这个国家甚至整个欧盟，你可能找不到雇用你的公司，因为没人会冒这个险。"❶

目前，中国人民银行信用信息中心个人信用信息基础数据库和企业信用信息基础数据库的征信范围主要限于银行信用信息，并且仅限于银行内部共享，很难全面反映个人和企业的信用状况，也不能监督和约束个人和企业在银行贷款之外的其他信用行为。所以，完善信用档案和扩大其共享范围的第一步就是要扩大征信范围，一方面，将目前分散于工商、税务、公安、海关、统计、银行、企业、学校等部门的有关企业和个人的各类信用信息进行尽可能广泛的采集，这就要求政府相关机构、社会相关组织机构尽快建立信用信息收集和处理系统，并与信用信息中心联网。另一方面，扩大信用档案收录的企业和个人的数量，使全国大部分的企业和个人都处于信用信息的监督与约束之下。

从几年前开始，我国一些地方就尝试把社会的其他系统与个人征信系统进行联网，扩展信用信息的收集范围。

上海建立起了由 16 家金融机构和 2 家移动通信机构加盟并提供信息的"个人信用记录查询系统"，内容包括有没有犯罪记录，是否足额纳税，是否按时交纳了交通违规罚款，是否按时交纳了水、电、气、暖、有线电视、手机话费，等等。目前，该系统记入的上海市民已超过 240 万人，而且人数还在继续增加。现在上海银行发放个人购房、消费贷

---

❶ 孙君成. 断供将为个人信用打上污点[N]. 南方日报, 2008-07-21(B01).

款，通信公司办理入户，外资企业录用员工，甚至个人之间借款前，都要去查一下对方的个人信用记录。

2006 年，中国人民银行加强了与环保等部门的协调工作，将企业遵纪守法信息纳入征信系统。除环保总局外，中国人民银行还与最高人民法院、国家质检总局、证监会、国家税务总局、海关总署等部门协商，将法院判决和强制执行案件信息，以及行政许可、行政执法、奖励评优、欠税等信息纳入企业和个人征信系统。

吉林省内 6 家电信企业的用户缴费信息都已经实现和个人征信系统的对接，如果 1 个用户无故欠费超过 2 个月，相关信息就将被记入个人信用报告，而这个记录将影响到是否对该客户发放贷款❶。

2006 年底，四川取得了非银行信息采集的突破性进展，将个人住房公积金、社保乃至手机欠费等信息录入个人征信系统已开始试点，水、电、气等费用的交纳情况等也将成为征信对象，企业数据库收录四川借款人 15.4 万户，个人数据库收录四川个人结算账户 9 032.7 万个。

2007 年河南省征信中心与通信部门联手，将电话缴费情况纳入个人信用档案。通信部门定期主动将个人缴费记录送与征信机构，一旦成为欠费用户，无论金额大小都会影响个人信用评价，欠费用户在买房买车时可能需要支付较高的分期利息。

信用报告也不能仅仅作为银行信贷的必查项，随着征信范围的扩大，各类社会活动和贸易活动中都应该把信用报告作为查验凭证和决策依据，使信用档案真正成为企业和个人的“第二身份证”。例如，近两年在山东、河北、上海等省市的人才市场上已经出现了大学生信用档案，信用档案和简历一样成为应聘者的重要筛选和鉴别标识。

可喜的是，我国《征信管理条例（征求意见稿）》已经将信用信息范围扩大到除银行信息以外的其他信息，其第二条规定，本条例所称的信用信息是指能够反映个人、法人或其他组织信用状况的信息，包括：

（一）基本信息，即个人、法人或其他组织的身份识别、职业和居住

❶ 个人征信系统将采纳电信用户缴费信息[N].京华时报，2007-04-23.

地址等信息；

（二）信用交易信息，即个人、法人或其他组织在贷款、使用贷记卡或准贷记卡、赊销、担保、合同履行等社会经济活动中形成的与信用有关的交易记录；

（三）其他信息，即与个人、法人或其他组织的信用状况密切相关的行政处罚信息、法院强制执行信息、企业环境保护信息等社会公共信息。

虽然目前只是征求意见稿，但相关的调查表明，社会公众大部分都积极支持把银行信息以外的相关信息纳入征信范围。

美国个人信用信息服务业的发达当然也离不开强大的国内信用市场需求。美国个人信用信息不仅包含个人的信用消费记录，还包含非银行的社会信用信息。美国的企业、组织或个人的信用意识很强，查询某个人的信用信息成为美国企业、组织或个人与这个人打交道时的一个重要参考依据，个人信用信息是公民的"第二身份证"，信用局出具的信用报告在个人的一切活动中都会发生一定的影响，如求学、买保险、求职、晋升、申请贷款、申领信用卡时都作为重要的参考依据。在美国，假如某人有一笔不良的信用记录，那么他在日后的求学、求职、申请贷款中都会处处受挫。企业、银行、保险公司、零售商、房地产商、雇主以及政府等都是信用产品的消费主体，个人也经常查询信用信息关注自身的信用状况。目前，三大信用局拥有美国 1.8 亿成年人的信息资料，每月进行 20 多亿份信息数据的处理工作，每年出售个人信用报告多达 6 亿份。正是这种全社会普遍的信用信息产品需求，一方面使征信机构盈利并获得较快的发展，另一方面也迫使美国人特别重视维护自己良好的信用记录，尽量减少失信行为的发生。

我国个人信用信息产品潜在的市场需求很大，却不能用数据来描述全国的个人信用市场。到目前为止，我国并没有形成有关个人信用信息需求的较大的现实市场。企业、银行、房地产商、雇主等并没有将个人信用记录作为决策依据，也很少有人愿意购买自己的信用报告。这种市场需求的不足，使得民间征信公司不愿介入个人征信行业，已经建立的信用数据库和查询系统也很难实现盈利，需求和供给的不足制约着个人信用信息市场的形成和发展。因此，为了尽快培育形成全国良好的信用消费市场，当务之急是要做好以下几方面的工作：

第一，尽快建立信用信息齐全的个人信用信息数据库，并完善查询系统，实现个人能够在线查询自己的信用情况；

第二，新闻媒体要加强宣传，强化个人、企业、政府机构、民间社会组织、银行等各类组织利用信用产品指导决策和辅助管理的信用意识；

第三，政府采取强有力措施，促进个人和各种组织利用信用信息；

第四，企业、用人单位、银行、保险公司、政府机构等在办理个人的相关业务时，对于信用记录良好的公民，给予优惠，如企业优先录用信用记录良好的公民，保险公司可以降低信用记录好的公民交的保费，以便促使个人自觉保持良好的信用；

第五，信用机构要推出适应市场需要的不同层次的信用产品，满足企业、个人的不同需要。

4.3.6 运用市场手段开发利用信用信息档案

经过一百多年的发展，美国已经建立了全世界最完善的个人信用信息管理制度，并拥有全球最大的个人信用信息资料库。在美国成熟的信用市场体系中，有三个鲜明的特点，一是美国制定了一个完备的信用管理的法律体系，对征信数据的取得和使用都有明确规定；二是政府不直接管理，有关部门和法院等强化对信用行业的监督和执法功能；三是各个信用公司都由私人部门所有，自觉在法律规定的框架内从事经营活动。美国是世界上市场经济最发达的国家，所以其信用信息系统不但是全世界最好的，而且在尊重市场规律、采用市场手段开发利用信用档案方面，也做得非常好。美国的个人信用局采用独立的商业化运作模式，以盈利为目的。信息的采集是免费的，经过信用局加工之后生成的信用报告是有偿使用的。美国的消费者信用局出现于 19 世纪晚期，最初的信用局大部分是由本地商人建立的合作型或非盈利性企业，他们把客户的信用历史资料收集在一起，为催收提供帮助，还有一些是本地财务公司或者商会筹建的[1]。个人征信机构经过激烈的市场竞争，最终形成了三大信用局埃克非、益百利、环联垄断市场的局面。三家信用局的个人信用信息数据库覆盖全美，实力和规模不相上下，又分别有自己的特色产品及经营方式，实行差异化竞争。正是在利益的驱使和竞争的压力之下，美国的信用局能够坚持公平授信，并且不断提高自身服务质量和效率。信用局每天出具的信用报告在200万份以上，三大信用局每年营业额达数百亿美元。

与此相反，我国的个人信用信息基础数据库是由中央银行建立的，上海、深圳、北京等地个人信用信息系统也都是由政府牵头组建的。这种政府模式的征信体系，其优势在于凭借政府的财力和号召力，能够在短时期内迅速建立覆盖面较广的基础数据库，但由于这些征信机构不能做到独立经营，难免会将政府的意愿、地方保护、造假等不良行为引入信用信息管理工作，影响信用报告的公正性和可信度。而且从其长远发展来看，由于靠政府财政支持，个人征信机构难免沦为政府的一个隶属职能部门，缺乏竞争就会使其服务效率低下，组织发展缺乏生机和活力。目前，国外几家较大的个人征信公司已经将其业务扩展到我国国内，他们中的一些公司如环联公司已经有百年的发展历史，政府运营模式的征信机构很难应对如此强大的竞争对手。对于我国的征信机构来说，单靠政府的扶持恐怕难以在市场经济中立足，唯有凭借自身优质的服务和灵活的经营方式方能取胜。

因此，我国在信用信息管理工作中，尊重市场规律，依靠市场手段发展和调节信用市场，应做好以下几个方面工作：

第一，政府在信用市场建设中注重发挥宏观的控制作用，对于微观上的一切工作都尽可能放手交由中介机构或信用公司；

第二，应该限制政府行为的过多参与和干预，特别是减少地方保护主义的干预，充分发挥市场的作用，已有的由政府出资建立的个人基础信用数据库，也要尽快将其转化为自负盈亏的信用公司；

---

[1] 黄凌．个人信用信息登记及使用研究[D]．中国优秀硕博士学位论文全文数据库，2004.

第三，鼓励民间组织参与组建个人征信机构，在信用信息的采集、管理、评估、利用等方面，培育更多的中介组织和公司；

第四，鼓励市场竞争，依靠市场经济优胜劣汰的竞争作用，最终达到国内几家大征信公司和众多小征信公司共存的相对稳定的市场格局；

第五，积极培育信用信息消费市场；

第六，鼓励我国征信机构积极参与国际市场竞争，在国际市场上独立开发自己的信用产品，打破美国信用公司一统天下的局面；

第七，积极向西方国家学习，适时引进国外先进的又适合我国实际的经验。

当然，鉴于目前我国信用体系的建设处于起步阶段，信用信息管理工作较为混乱的现状，政府还是要对信用信息服务市场实行严格监管，以规范信用市场，保证个人信用行业的健康发展。

4.3.7 信用信息适度公开与隐私权保护并重

信用信息适度公开是加快信用档案开发利用的一个重要措施，目前我国许多地方在企业信用信息公开方面已经做了大量工作。

4.3.7.1 很多地方已经制定了企业信用信息的地方法规

如陕西省发布了《陕西省企业和个人信用信息管理条例》，湖北省发布了《湖北省个人信用信息采集与应用管理办法（试行）》，广东省不但发布了相应法规，还在2007年7月制定并颁布了《广东省企业信用信息公开条例》，其中第六条规定，行政部门应当将依法履行职责过程中掌握的下列企业信用信息予以公开：

（一）企业的基本登记事项、组织机构代码；

（二）企业取得行政许可的情况；

（三）企业产品、服务、管理体系的认证情况和商标认定情况；

（四）企业产品质量的抽查、检验、检疫、检测情况；

（五）企业年度审计、审核情况和企业社会保险登记证年检情况；

（六）企业拖欠社会保险费和行政事业性费用的情况；

（七）企业拖欠、骗取、偷逃税款的情况；

（八）企业违法用工、拖欠员工工资等重大劳动保障违法行为的查处情况；

（九）企业重大质量、安全生产、环境污染等事故的责任追究情况；

（十）生效的行政处罚记录；

（十一）其他依法应当公开的企业信用信息。

法律法规对公开事项另有规定的，从其规定。❶

4.3.7.2 我国一些地方已经建立了企业信用信息的共享平台

2008年12月，中央治理商业贿赂领导小组印发的《关于在治理商业贿赂专项工作中推进市场诚信体系建设的意见》指出，要应用信息技术，在各系统市场诚信记录联网的基础上，整合人民银行、工商、税务、海关、商务、质检、公安、法院、财政等部门以及金融机构、公共服务机构掌握的企业信用数据资料，积极推进部门之间市场诚信记录信息共享，并逐步将其纳入全国统一的企业信用信息基础数据库❷。我国各地相继建立了企业信用信息的公开和共享平台，如广东省建立了“守合同重信用企业网上公示系统”、“广东省建筑市场诚信信息平台”，广州市建立了“企业信用综合评级系统”、“施工企业诚信综合评价系统”、“医药企业信用综合评级系统”，浙江省建立了“浙江省工程建设领域项目信息公开和信用信息共享专栏”。浙江省富阳市工商局在全国首开“企业信用公示工程”之先河，将全市所有企业的银行信用、纳税情况、合同履约、经济案件、不良行为、荣誉记录等公示于众，公众可以从报刊、电视上看到，也可随时在工商管理局大厅的电脑触摸屏上查阅。现在当地企业和外地客商洽谈业务前都先去查询对方企业信用状况，使当地企业都把信用记录当做生命看待。山东省建设完成了“半岛八城市”信用信息管理平台，由“半岛八城市”诚信综合门户网站和各地市信用信息管理系统组成。上海“浦东新区企业信用信息服务

---

❶ 广东省企业信用信息公开条例[EB/OL].[2010-10-30]. http://baike.baidu.com/view/4162784.htm.

❷ 李亚杰. 加快构建市场信用信息公开共享平台 积极培育信用服务市场[EB/OL].[2010-10-30]. http://news.qq.com/a/20081211/002565.htm.

系统”实现了企业信用信息在政府相关部门之间的共享与利用。福建省石狮市工商局将配合相关部门建立中介组织信用信息共享制度。

4.3.7.3 全国一些领域建立了信用信息共享平台

建设部在2007年11月发布了《关于启用全国建筑市场诚信信息平台的通知》,规定全国建筑市场各方主体诚信行为记录信息以建设部门户网站(网址:www.cin.gov.cn)中的“信用体系”栏目为指定公布平台[1]。

水利部在2009年10月发布了《水利部发水利建设市场主体信用信息管理暂行办法》,在2010年依托水利部(含流域机构)和地方政府水行政主管部门门户网站建立“水利工程建设领域项目信息公开专栏”和“水利建设市场信用信息平台”,还发布了《水利工程建设领域项目信息公开基本指导目录(试行)》、《水利工程建设领域信用信息基本指导目录(试行)》、《水利工程建设领域项目信息和信用信息公开共享规范(试行)》[2]。

交通部建立了全国水运工程建设市场信用信息管理系统、全国公路建设市场信用信息管理系统。建设部建立了的房地产信用信息管理系统。商务部建立了商务领域信用信息系统。国家质量监督检验检疫总局建立了产品质量信用记录网。

从2010年10月开始,中国人民银行作为牵头部门,准备和多个部门一起,推动各个部门加快各自的信用体系建设,第一步是把各个部门,比如工商、质检、税务、环保、征信自己掌握的各个行业的信息集中起来,让其自成系统,第二步是在这个基础上依法实现各个部门之间信息的共享。

4.3.7.4 我国跨地区的区域性信用信息共享工作取得一定成就

信息共享范围突破一省或者一市,信用数据库同时由几个省市共

---

[1] 关于启用全国建筑市场诚信信息平台的通知[EB/OL].[2010-10-30].http://www.jianshe99.com/html/2007/11/pa0851914831117002 2232.html.

[2] 关于印发水利工程建设领域项目信息公开和诚信体系建设试点工作方案的通知[EB/OL].[2010-10-30].http://www.mwr.gov.cn/ztpd/2009ztbd/slgcjslytcwtzxzlgz/wjtz/201005/t20100512_205099.html.

建共享。2007 年，浙江、江苏、上海三省市开始联合征信，共同构建“信用长三角”信息共享平台，目前已经实现苏浙沪三地企业信用信息共享，可为企业提供 16 项信用基础信息在线查询。福建、江西、湖南、广东、广西、海南、四川、贵州、云南九省区和香港、澳门两个特别行政区提出建立“泛珠三角区域企业信用信息网”。包括北京、天津、石家庄、唐山、济南、青岛、沈阳、大连等城市在内的泛华北（环渤海）地区在 2008 年 12 月正式开通工程信息平台，重点进行招标公告、中标公示、信用信息等的统一发布和共享。

这些成就说明我国企业信用信息公开和共享工作已经取得了可喜的成就，为规范企业的市场行为起着重要的作用。在企业信用信息公开中，只要不涉及企业的商业秘密，一般的信用信息都可以公开。

与企业信用信息共享和公开相比，我国个人信用信息的公开和发展显得相对缓慢。目前，中国人民银行已经建立了以征集银行信息为主的个人信用信息数据库，建设部已经与中国人民银行建立了个人住房公积金信用信息共享机制。

在其他领域和地区，建立的相对专业和区域性的个人信用信息共享平台有一些，但不是很普遍。如内蒙古大学在 2006 年 4 月建立了“内蒙古大学学生诚信网络平台”，该平台将为在校大学生建立电子诚信档案，真实记录学生的学习诚信、经济诚信、生活诚信情况。2010 年 3 月 6 日，中关村国家自主创新示范区核心区人才信用体系正式启动，并在软件行业率先示范。黑龙江省为 980 万人才建立了个人信用档案。河北省在 2010 年 11 月已正式启用“河北省医药从业人员信誉资质查询系统”。一些地方建立了高考诚信电子档案，作弊者禁止在下一年度参加高考。河南食品企业将为关键岗位人员建立诚信档案。2009 年 1 月，广东省开始开展大学生信用档案的建设工作，目前已建档 18 万人。江西省将为广大农户建立电子信用档案。太原市从 2010 年 8 月 15 日起，运管部门将对从事客、货运及危险货物品运输的驾驶员建立诚信档案，并以考核等级作为培训和辞退驾驶员的重要依据。大连市保监局正着手建立保险营销员诚信档案。教育部在 2009 年关于艺术生考试的通知中指出，艺考生作弊违规将记入高考诚信档案。

在温州市,通过温州律师网可查询到温州市任何一家律师事务所或者一名执业律师的基本情况、守信和惩戒信息记录。湖南省公民信息管理局要将在人事考试中使用假身份证及无线电设备作弊类违法违规信息记录到公民个人诚信档案中,适时向社会披露。

公民个人信用信息的公开涉及隐私权的保护问题,所以其信息公开问题要比企业信用信息公开复杂。一般来说,任何征信机构不能随意公开公民个人的信用档案信息。中央银行《个人信用信息基础数据库管理暂行办法》第三章规定,商业银行查询个人信用报告时应当取得被查询人的书面授权。《征信管理条例(征求意见稿)》第十九条规定,征信机构应当向信息主体本人或经其授权的个人、法人及其他组织提供信息主体的信用信息;第二十三条规定,征信机构应当建立健全征信信息保密管理制度,建立信息查询内部分级管理制度,在信息收集、整理、保存、加工和使用过程中确保信用信息不被泄露。《湖北省个人信用信息采集与应用管理办法(试行)》第九条规定,有下列情形之一的,可以依法查询个人信用信息:

(一)金融机构向信息主体人提供信贷、保险等服务的;

(二)单位和个人对信息主体人提供赊销、租赁、担保等服务的;

(三)公用事业单位对信息主体人提供服务的;

(四)司法机关和行政机关依法进行调查的;

(五)信息主体人或其授权的其他单位或个人进行查询的。

除前款第(四)项和法律、法规规定的特别情形外,信息主体人以外的其他单位或个人对信息主体人信用信息的查询应征得信息主体人的书面同意,并持有查询单位的机构代码证、查询人身份证等有效证件,方可查询。其第三条还规定,有关个人信用信息源单位应当依照本办法的规定,向个人信用信息平台报送个人信用信息,并享有个人信用信息平台提供的个人信用公共信息。

从这些规定中可以看出,个人信用信息的查询和使用,要征得个人主体的同意。但是,这些相关法规没有就个人信用信息的适度公开作出规定。

美国的个人信用信息一直是本着信息的充分公开和个人隐私权的

保护两个基本原则。美国立法当局在几十年间公布了一系列法律，以《公平信用报告法》等法案规定了征信机构收集消费者信息的范围和发行个人信用报告的范围，还以《隐私法案》、《财务隐私权利法》、《隐私保护法》等法案划定了个人隐私的范围[1]。信用局在出具一份对个人不利的信用报告时，必须通知本人，公民有权随时查阅自己的信用记录，在发现报告内容不实时可以申请更改，一旦发现个人隐私权受到侵犯，可以向有关部门提出申诉，仲裁机构会充分保护个人的合法权益。同时法律也规定，个人的负面信用信息在指定的年限后可以被删除。

我国在建立个人征信机构以及从事个人信用信息管理过程中同样要充分重视信息公开和隐私权保护问题。公开力度不够，就难以实现信用信息监督个体信用行为、辅助决策的功能，也就失去了其存在的价值和意义，但过分强调信息公开又会损害个人的隐私权，所以在信息公开和隐私保护之间寻找平衡点，对于我国的征信业来说也是一个难点。在这个问题上，借鉴美国已经成熟的信息公开条例和隐私保护措施，能够大大缩短我国征信机构探索的时间。我国《政府信息公开条例》已于2008年5月1日施行，这为我国政府部门公开其拥有的信用数据提供了法律基础，但是在信用管理中必须做好个人隐私权的保护工作：

第一，加快制定个人隐私权保护法，我国有关部门已经在制定隐私权法律，但其出台还需要一定时间，在相关信用管理法规中要重视隐私权保护；

第二，征信数据采集必须符合法定的程序，并在法律规定的范围内使用个人信用信息，而不能采取非法手段或不正当方式获取他人的隐私信息；

第三，征信数据使用、传播，必须遵循客观、公正的原则，不能夹带部门利益或偏见，避免给被征信者造成不必要的伤害；

第四，将一个人的不良信用记录纳入征信系统时，要提前告知本人，允许被征信者申诉，特殊情况下应给予弥补改正的机会；

第五，对于在信用管理和信用信息使用中侵犯个人隐私权的不法

---

[1] 车耳．最强大的美国个人征信机构[J]．经济导刊，2006，8：46-49．

行为，加大处罚和惩治力度，经济手段和法律手段双管齐下。

4.3.8 加强信用信息档案人才队伍建设，加大信用档案的理论研究

社会信用体系的建立和完善，信用管理人才是基础。国家劳动和社会保障部于 2005 年正式公布了“信用管理师”这个职业，信用管理人才也因其缺口大而成为了人才市场上的“香饽饽”。据中国市场学会统计，今后 10 年内，需要 50 万名信用管理经理，200 万名信用管理人才。

目前，全国已有中国人民大学、上海财经大学、吉林大学、兰州商学院、山东财政学院等学校开设了信用管理本科专业，一些高校还在研究生阶段开设了信用管理方向的课程，并对在职人员的培训加大了力度，还开设了在职的信用管理专业研究生班，如 2004 年 7 月，对外经济贸易大学与商务部中国国际电子商务中心启动了我国首个金融学信用管理方向硕士在职培养项目，中国人民大学金融学专业在职研究生班就有信用管理方向。但在这些学校开设的课程中，偏重于经济、金融、会计、审计等相关专业，很少涉及信用信息档案管理及开发利用方面的课程，在一些在职培训的课程里有企业信用调查和信用评级及企业信用信息管理之类的课程。因此，现在培养的人才到财政部、工商管理局、海关、征信局、商业银行、保险公司、信用卡公司、信用管理公司、高校、研究单位及一些企业，直接从事信用管理工作，很少关心信用档案的开发利用。

所以，在信用管理人才的培养过程中，不仅仅是着眼于一般的信用管理，更重要的是，培养其对信用信息档案的处理、分析和评估能力，并有自觉深层次开发利用信用档案的意识和能力，必须高度重视信用档案的开发利用能力培养，当前可行的一条捷径是在信用管理专业中增加相关课程，如信息统计分析、档案分类和处理、电子档案管理、信息档案的分析与评估、数据库、信息资源与市场化开发利用等课程，加强对国外特别是美国等发达国家信用信息档案资源开发利用的成功案例进行剖析研究，总结经验，为我所用。

目前,我国关于信用管理及信用档案开发利用的理论大多数都是借鉴国外的,或者直接移植过来,产生于本土的适合国情的理论少之又少,理论基础薄弱成为我国信用信息档案开发利用的最大障碍和"瓶颈"。这种情况主要是由于信用在我国是个新生事物,应用领域狭窄所造成的,要改变这种情况,应该做好以下几方面工作:

第一,做好国外信用档案开发利用理论的引进工作,不但要引进一般的基础理论,还要介绍先进的理念、研究技术、研究方法、实践经验;

第二,国家有关方面或信用管理公司加大对信用档案开发利用理论课题的支持力度;

第三,我国各地区信用档案的利用水平参差不齐,各地要加强合作,相互学习,尤其要向上海、北京、深圳等地学习,借鉴这些地方的经验;

第四,注意提高信用管理人员和信用档案管理人员的理论水平,提高他们的写作技能,提倡在实际工作中多思考,要能把理论与实践相结合,写出工作心得和体会;

第五,信用理论研究者要走向社会实践第一线,多观察、多调查,总结实践经验,把实践经验升华为理论,然后再指导实践工作,如此反复,一定能找到适合我国现实情况的基础理论。

4.3.9 经营模式的多元化

在我国信用体系中,中国征信中心占据重要地位,其是中国人民银行直属的事业法人单位,主要任务是依据国家的法律法规和人民银行的规章,统一负责企业和个人征信系统(又称企业和个人信用信息基础数据库)。我国《征信管理条例(征求意见稿)》第四十二条规定,中国征信中心是由国务院征信业监督管理部门设立的征信机构,负责全国统一信用信息基础数据库的建设、运行和管理。从我国征信市场的发展情况来看,中国征信中心在个人和企业征信业务方面居于优势地位,依托中国人民银行在全国各地的分支机构,中国征信中心的信用业务已经在全国各地的商业银行及相关行业开展起来。

形成当前中国征信中心一家独居征信市场的局面主要有两个

原因：

一是长期以来，我国一直是计划经济，政府在国家经济发展中居于支配地位，即使改革开放已经30年了，市场经济依然发育程度不高，政府管理的影响还是无处不在；

二是在我国，征信市场起步初期，完全依靠市场力量，由各个独立的征信机构在市场竞争中发展壮大，建立征信体系和信用档案体系，既不现实，也要经历相当长时间，征信市场才能发展起来，需要依靠强大的政府行政推动力来打破各部门信用信息的垄断，而有政府背景的中国征信中心可以迅速在全国建立起完备的信用信息网络，大大缩短了信用体系建立的时间。

中国征信中心的业务是建立在银行业务和银行网络的基础之上的，征信数据主要来自各商业银行，其用户也主要是各商业银行。这种单一银行经营模式虽然有很多优点，为我国在最短时间内建立完备的信用体系打下了坚实的基础，但也有明显的缺点。在某种程度上说，这是一种垄断，信用市场的垄断会阻碍信用竞争市场的形成，阻碍信用档案管理工作的发展壮大，也会影响信用档案的应用，长期发展下去，很可能会成为政府垄断信用市场的一种工具。

比较理想的局面是，当大规模的基础数据库建成并投入运营之后，政府由直接管理转化为间接监管，通过改制使征信中心脱离银行系统，征信中心作为独立的法人，对外开展业务，逐渐转变成独立经营、自负盈亏的征信和信用档案管理的商业公司。一旦脱离政府的资助和保护，个人信用档案管理公司必须要独立地面对激烈的市场竞争，尤其是要面对国外信用公司带来的冲击。生存的压力能够迫使信用公司积极采取措施提高服务、开拓市场，不断地成长壮大。由此也为银行系统节省了巨额的系统管理和维护费用。

在信用管理的经营模式问题上，上海个人征信公司的运作机制最具参考价值。上海的经营模式也被公认为最适合我国国情，许多地方政府在构建个人信用档案时都积极地借鉴上海经验。上海资信有限公司是由上海市政府批准组建，经中国人民银行总行核准的非银行性质的第三方信息服务机构。它最初由四家公司联合投资组建，而后银行、司法、税务、工商、社保、移动联通公司等相继加入,上海市是国内个人信用体系建设最发达的地区。

在传统的商业领域,民间企业一直以经营灵活而著称,信用市场同样需要民间机构的积极参与,鼓励发展全国性的信用档案中介公司,建立覆盖全国的信用档案利用网络。即便是已经建立的基础数据库和查询系统,能够不断扩大征信范围和拓宽应用领域,也很难实现覆盖全社会每一角落、满足多样化的市场需求。所以,如果进行准确的市场细分和自我定位,民间征信机构还是有广阔的市场发展空间的。对于目前的信用档案管理工作,民间征信公司的介入主要有以下几点好处:

(1)最大限度地吸引民间投资,个人信用档案的建立和维护都需要大量的资金投入,不能仅凭政府一家之力;

(2)满足多样化的市场需求,繁荣个人信用市场;

(3)创造一个高附加值的个人信用信息服务业;

(4)引入市场竞争,特别是民间公司灵活的经营方式对于目前存在的银行性质的个人档案管理部门具有重要的借鉴意义。

在如何对待民间个人征信公司的问题上,政府发挥着最为重要的作用。一方面政府要为民间机构创造良好的投资和运行条件,鼓励和保护民间机构的参与,尤其要鼓励与国有信用管理机构的公平和正当竞争。另一方面,民间机构介入个人信用市场,处于自身利益最大化考虑,不可避免地会出现做假记录、出假报告、侵犯个人隐私等不正当市场行为,政府必须严格市场准入制度和加大监管力度,维护良好的信用市场环境。

我国征信工作才刚刚发展起来,建立企业和个人的信用信息档案是一个庞大的系统工程,不可能一蹴而就,要更有效地开发利用信用信息档案,最大限度地实现信用档案的价值,任重而道远。政府各部门及相关企业,要充分认识到当前信用档案建设中存在的问题,采取积极有效的措施加以克服,不断完善信用信息档案,积极推动社会各部门利用信用档案,提高信用档案的利用效率。

第 5 章　社会信用体系建设的典型案例

5.1　中央银行信用信息基础数据库

5.1.1　企业和个人信用信息基础数据库的建设情况

中央银行的信用信息系统包含企业信用信息基础数据库和个人信用信息基础数据库两部分。个人数据库是 2004 年开始建设的,全国集中统一的企业数据库是从 2005 年开始建设的,两个数据库分别于 2006 年 1 月和 7 月正式运行。

企业征信系统:中国人民银行于 1997 年开始筹建银行信贷登记咨询系统,2002 年建成地市、省市和总行三级数据库体系,实现以地市级数据库为基础的省内数据共享。截至 2005 年 11 月底,系统收录借款企业 452 万户,人民币贷款余额 17.36 万亿元,约占全国金融机构贷款余额的 90%。2005 年 1 ~ 11 月,系统月均查询 144 万次。2004 年上半年起,中国人民银行开始对该系统进行升级改造,升级后的新数据库为全国集中式数据库,升级系统已于 2005 年 12 月 15 日在上海、福建、浙江、天津四省市成功实现试运行,并于 2006 年 7 月实现全国联网运行。

个人征信系统:按照党中央、国务院的要求,2004 年中国人民银行加快了个人征信系统的建设,于 2004 年 12 月中旬实现 15 家全国性商业银行和 8 家城市商业银行在全国 7 个城市的成功联网试运行。2005 年 8 月底完成与全国所有商业银行和部分有条件的农村信用社的联网运行。经过一年的试运行,2006 年 1 月正式运行。截至 2005 年底,收录个人信贷余额 2.2 万亿元,约占全国个人消费信贷余额的 97.5%。截至 2007 年 6 月底,个人信用基础数据库已覆盖 5.7 亿自然人。

目前,企业和个人征信系统的主要使用者是金融机构,通过专线与商业银行等金融机构总部相连(即一口接入),并通过商业银行的内联网系统将终端延伸到商业银行分支机构信贷人员的业务柜台,实现了企业和个人信用信息定期由各金融机构流入企业和个人征信系统,汇总后金融机构能实时共享的功能。其中,前者表现为金融机构向企业和个人征信系统报送数据,后者表现为金融机构根据有关规定向企业和个人征信系统实时查询企业和个人的信用报告。金融机构向企业和个人征信系统报送数据可以通过专线连接,也可以通过磁盘等介质。

企业和个人征信系统由中国人民银行直属单位——中国金融电子化公司开发完成,中国人民银行内设机构——征信中心负责系统的日常运行和管理;征信中心和商业银行建立数据报送、查询、使用、异议处理、安全管理等各种内部管理制度和操作规程。同时,企业和个人征信系统建立了完善的用户管理制度,对用户实行分级管理、权限控制、身份认证、活动跟踪、查询监督的政策,对数据传输加压加密,对系统及数据进行安全备份与恢复,对系统安全进行评估,有效防止计算机病毒和黑客攻击,等等,建立了有效的安全保障体系。

企业和个人征信系统的功能分为社会功能和经济功能。社会功能主要体现在随着该系统的建设和完善,通过对企业和个人重要经济活动的影响和规范,逐步形成诚实守信、遵纪守法、重合同讲信用的社会风气,推动社会信用体系建设,提高社会诚信水平,促进文明社会的建设。经济功能主要体现在帮助商业银行等金融机构控制信用风险,维护金融稳定,扩大信贷范围,促进消费增长,改善经济增长结构,促进经济的可持续发展。据500家金融机构信息监督员问卷调查汇总,2005年1~11月共受理企业信贷申请599 163笔,金额36 070亿元,通过系统查询,拒绝信贷申请16 152笔,金额952亿元,占申请贷款额的2.6%。对个人征信系统而言,各商业银行已在全国各分支机构开启了5.2万个查询用户终端,目前每天个人信用报告查询量已达到11万笔左右,在提高审贷效率,方便广大群众借贷,防止不良贷款,防止个人过度负债,以及根据信用风险确定利率水平方面发挥了积极的作用。企业和个人征信系统的社会功能和经济功能相辅相承,互相促进。随着数据采集以及企业和个人信用报告使用范围的逐步扩大,企业和个人征信系统的功能将会逐步提高和完善。

企业和个人的信用信息主要包括三方面：一是基本信息，比如个人的身份证号码、婚姻状况、居住地、职业等，企业的法人代表、注册信息等；二是信贷交易记录，个人的借款情况、还款情况以及拖欠情况；三是反映企业和个人信用状况的其他信息，如遵纪守法的信息，就企业而言是不是违反了环保方面的有关规定，税务方面的欠税信息，还有产品质量如何，质检方面的情况，交纳社保资金的情况，等等。目前，企业和个人征信系统的信息来源主要是商业银行等金融机构，收录的信息包括企业和个人的基本信息，在金融机构的借款、担保等信贷信息，以及企业主要财务指标。自企业和个人征信系统建设以来，中国人民银行一直都在与相关部门积极协商，扩大数据采集范围，提升系统功能。为落实《国务院信息办关于落实〈国家信息化领导小组2005年工作要点〉的通知》（国信办[2005]13号）中关于中国人民银行牵头“以金融机构和金融市场为服务对象的有关企业和个人征信部门间信息共享和政务协同任务”的要求，2005年以来中国人民银行加大了与相关政府部门信息共享协调工作的力度。企业和个人征信系统除主要收录企业和个人的信贷信息外，还将收录企业和个人基本身份信息，民事案件强制执行信息，交纳各类社会保障费用和住房公积金信息，已公告的欠税信息，交纳电信等公用事业费用信息，个人学历信息以及会计师（律师）事务所、注册会计师（律师）等对公众利益有影响的特殊职业从业人员的基本职业信息。2007年，国家质检总局向中央银行和商业银行等企业征信系统的使用者提供组织机构代码信息的在线实时查询服务。这是国务院两个部委之间首次实现网络连通，也是商业银行等金融机构第一次通过征信系统，对其他政府部门依法行政时产生的企业基本信息实现在线实时查询。质检总局提供查询的信息包括组织机构代码标识及其相关的机构名称、工商注册码、机构地址、法定代表人姓名、组织机构代码证办理机构名称等共计三十三项信息。业内人士对此表示，实现组织机构代码信息实时查询，对落实企业账户实名制，打击诈骗、洗钱等金融犯罪活动，扩大信贷，更好地满足中小企业和低收入人群的融资需求，加快社会信用体系建设意义深远。另外，还有900多家拖欠工资的企业信息已经纳入征信数据库，涉及金额大概有13亿元，银行已经对这些拖欠工资的企业进行了贷款限制。

企业和个人征信系统采集上述信息的目的，首先是为了帮助商业银行核实客户身份，从信贷活动的源头杜绝信贷欺诈、保证信贷交易的合法性；其次是全面反映企业和个人的信用状况，帮助商业银行确定是否提供贷款及贷款金额大小、利率高低等，以及奖励守信者，惩戒失信者；再次是利用企业和个人征信系统遍布全国各地的网络及其对企业和个人信贷交易等重大经济活动的影响，提高法院、税务、工商、海关等政府部门的行政执法力度；最后是通过企业和个人征信系统的约束性与影响力，培养与提高企业和个人遵守法律、尊重规则、尊重合同、恪守信用的意识，提高社会诚信水平，建设和谐美好的社会。目前，企业和个人征信系统数据的直接使用者包括商业银行、数据主体本人以及司法部门，而其影响力则已经波及税务、教育、电信等部门。

根据中国人民银行《个人信用信息基础数据库管理暂行办法》、《银行信贷登记咨询管理办法(试行)》以及《企业信用信息基础数据库管理暂行办法(征求意见稿)》的规定，商业银行等金融机构经企业授权和个人书面授权同意后，在审核信贷业务申请，以及对已发放信贷进行贷后风险管理的情况下，查询企业和个人的信用报告。金融监督管理机构以及司法部门等其他政府机构，根据相关法律、法规的规定，也可按规定的程序查询企业和个人信用报告。将来，随着征信立法的逐步完善，企业和个人征信系统将依法扩大使用范围，逐步向更广泛的社会对象提供更多的信用查询服务。

5.1.2 特征分析

5.1.2.1 公共征信模式

中央银行的企业和个人信用信息基础数据库是公共征信模式的信用信息系统，由中央银行牵头组建并负责维护和监管。中央银行强制要求其监管之下的所有金融机构定期提供信用记录，具有信息采集优势和较高的权威性。目前，该数据库实现了银行内部的信用信息共享，中央银行出具的信用报告成为所有商业银行审批和监管信贷活动的必

查项,从而有效地控制了金融风险,约束了受信人的信用行为。但这种公共征信模式的信用信息系统具有以下几项缺陷:

首先,中央银行直接参与征信容易引起信用信息垄断,中央银行强制要求所有的金融机构必须定期向该数据库呈交信用记录,这就将其他征信机构特别是私营征信机构置于不利的竞争地位,不利于征信市场的发展和稳定;

其次,中央银行的企业和个人信用信息基础数据库由中央银行出资组建与维护,不以盈利为目的,这就使其丧失发展的活力和动力,不利于该系统的长期运营和发展,也有碍于私营征信机构的生存和整个征信市场的长期发展;

最后,中央银行企业和个人信用信息基础数据库的信息采集范围与应用范围都非常狭窄,信用信息主要来自于金融机构,应用范围也仅限于金融系统内部,这就限制了该系统的功能和价值。

5.1.2.2 加工整理简单

企业和个人征信系统采集到原始信用信息后,按照数据主体(即企业和个人)对数据进行匹配、整理和保存,即将属于同一个企业和个人的所有信息整合在其名下,形成该企业或个人的信用档案,并在金融机构查询时生成信用报告。企业和个人征信系统对采集到的数据只是进行客观展示,不作任何加工和修改,也不对信用记录进行信用评级。企业和个人征信系统数据的准确性有赖于数据提供者所提供的原始数据的准确性。中央银行所出具的信用报告只包含信用记录,报告主体的信用等级由使用者进行评定。

5.1.2.3 共享范围有限

目前,中央银行的企业和个人信用信息基础数据库仅限于金融系统内部共享,并且对信用信息的查询和使用条件做出严格的限制。根据中国人民银行《个人信用信息基础数据库管理暂行办法》、《银行信贷登记咨询管理办法(试行)》以及《企业信用信息基础数据库管理暂行办法(征求意见稿)》的规定,金融机构在办理、管理信贷业务时,可以向企业信用数据库查询借款人、担保人信用信息。金融机构对申请信贷业务的借款人、担保人的信用信息进行查询时,要取得被查询人书面授权。金融机构对已发生信贷业务的借款人、担保人进行贷后风险管理查询其信用信息时,无须取得被查询人授权;当所有信贷业务关系解除后,金融机构不再具有对该借款人、担保人信用信息的查询权。金融机构应当制定查询借款人、担保人信用信息的内部授权制度和查询管理程序。金融机构通过查询企业信用数据库获取的借款人、担保人信用信息,不得用于本机构除办理、管理信贷业务外的其他用途,不得向第三方提供。征信中心应当为符合法律、行政法规规定的单位和个人提供有关信息服务,征信中心可以向取得借款人、担保人授权的单位和个人有偿提供其信用报告,但查询者必须获得被查询人的书面授权。

5.1.3 经验启示

中央银行的企业和个人信用信息基础数据库是典型的公共征信模式的信用信息系统,一方面,它充分体现了公共征信模式的优越性,它借助于政府的财力和行政动员能力,能够在短期之内组建较大规模的信用信息基础数据库。中央银行的企业和个人信用信息基础数据库证明了在我国社会信用体系发展的初级阶段,公共征信模式有其存在的必要性,我国需要依靠政府的力量构建信用信息基础数据库。另一方面,中央银行的企业和个人信用信息基础数据库也表现出了公共征信模式的种种弊端,我国的社会信用体系建设必须走公共征信与私营征信相结合的发展模式。另外,在企业和个人征信系统的使用方面充分考虑了个人隐私与企业商业秘密的保护问题。企业和个人对自己的信用报告享有充分的知情权,可以申请查询自身的信用报告,并根据自身意愿使用信用报告;如果个人认为自己的信用报告存在错误,可以提出异议,经核实之后可以予以修改更正;同时,个人还可以了解到哪些机构由于什么原因查询过自己的信用报告,对非法查询信用报告的行为可以向征信中心反映并依法处理。这一点对于其他的征信机构和征信系统来说,都具有重要的指导和启示作用——无论是公共征信模式还是私营征信模式都必须给予个人隐私与企业商业秘密充分的尊重和保护。因此,从一定程度上来说,中央银行的企业和个人信用信息基础数据库既是我国社会信用体系建设过程中的一次飞跃,也是一种探索,它为我国信用体系建设和信用行业的进一步发展指明了方向。

5.2 上海资信有限公司

5.2.1 建设现状

1999 年 7 月，在上海市信息办和中国人民银行上海分行的大力推动下，经中国人民银行总行的核准，上海资信有限公司组建成立，成为国内第一家从事个人征信业务的中介机构。公司成立以来，承担了上海市个人信用联合征信试点项目。2000 年 6 月 28 日，上海市个人信用联合征信系统开通，出具了新中国成立后大陆第一份个人信用报告；2001 年公司又启动了企业联合征信系统。这两个项目的建立使上海形成了较为完善的社会信用体系基础框架。

2002 年起，汇丰、渣打、东亚、恒生、美国银行、友邦保险等外资金融机构相继成为上海市个人信用信息数据中心理事会成员。

2005 年 4 月中旬，中国证监会上海监督局与上海资信有限公司签署合作备忘录，首次将注册地在上海的 148 家上市公司高管人员的不良诚信记录纳入上海市个人信用联合征信系统。

2005 年 4 月 24 日，上海资信有限公司与杨浦区人事局合作，将个人诚信与公务员考核挂钩，为每个公务员建立信用报告。

2005 年 3 月 15 日，保险营销员诚信档案网上查询系统正式开通，上海市民登录本网站，凭保险员的从业证书号码，即可免费查询到该营销员的信用记录，以确定是否通过该营销员投保。

2003 ~ 2005 年，上海资信有限公司通过与多方合作建立了“大学生诚信档案”、上海 17 家保险公司营销员的执业操守信息、经济纠纷执行难信息、上市公司高管人员的执业信息和在公证办理过程中提供虚假材料的个人信用信息纳入了上海市个人信用联合征信系统，推进了个人征信系统对金融领域的全覆盖。

企业征信系统已采集了上海约 59 万家企业的信用信息，包括企业注册信息、年检等级、产品达标信息、税务登记信息、国有资产绩效考评信息、进出口报关记录、信贷融资记录和行业统计分析信息等。

目前，上海市个人信用联合征信系统已拥有超过586万人的信用信息，包括个人基本身份信息，商业银行各类消费信贷申请与还款记录，可透支信用卡的申请、透支和还款记录，移动通信协议用户的缴费记录，部分公用事业费的缴费记录，执业注册会计师和保险营销代理人的执业操守记录。连通了所有中资银行640多个信用报告查询网点，设立了4个面向广大市民的个人信用报告查询窗口，日均提供信用报告查询6 500笔，累计提供信用报告逾405万份。

上海资信有限公司的产品及业务主要有：

(1)个人信用报告。对消费者个人信用信息及支付轨迹的完整记录。

(2)个人信用(风险)评分。通过建立数学模型，并运用计算机技术对个人的信用信息进行统计、计算及量化分析。

(3)系列评分。通过对个人信用信息的整合及参照用户的需求，开发各类评分卡和个人信用评估报告，最终体现信用产品的个性化和其所具有的高附加值。

(4)账户管理。根据银行的实际需要，对确定的信贷/信用卡目标客户群提供账户管理服务，以关注客户信用状况及还款行为特征的轨迹，建立定期风险预警机制。

中央银行上海分行规定，自2000年7月1日起，在沪各商业银行向个人办理贷款和可透支信用卡业务时，必须通过这一系统查询贷款人和信用卡申领人的信用报告。目前，上海资信有限公司在网上开通了上海市个人信用信息网上服务平台、上海市企业联合征信网、上海市保险营销员诚信档案网上查询系统、上海市证券经营机构和上市公司诚信记录网上查询系统四个子网站，为用户提供全方位的信用信息查询服务。其中，上海市企业和个人信用信息查询界面如图5-1、图5-2所示。

5.2.2 特征分析

上海资信有限公司是经中央银行总行批准，中央银行上海分行和

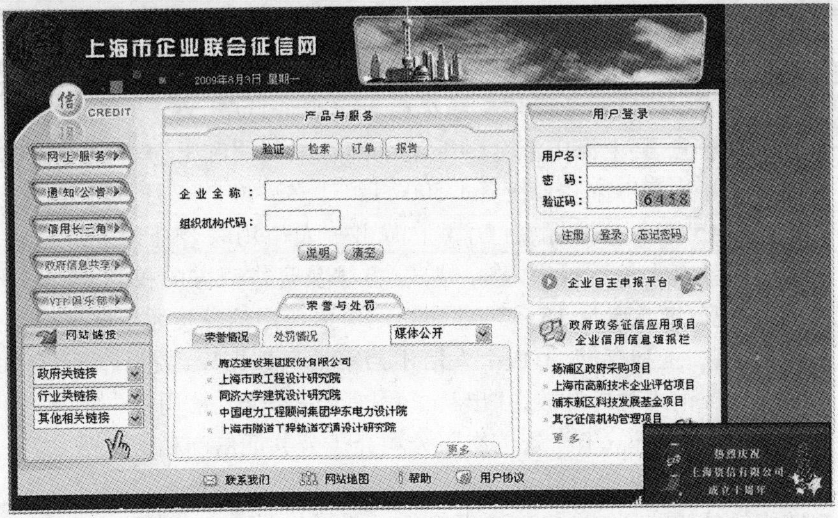

图 5-1　上海市企业信用信息查询界面

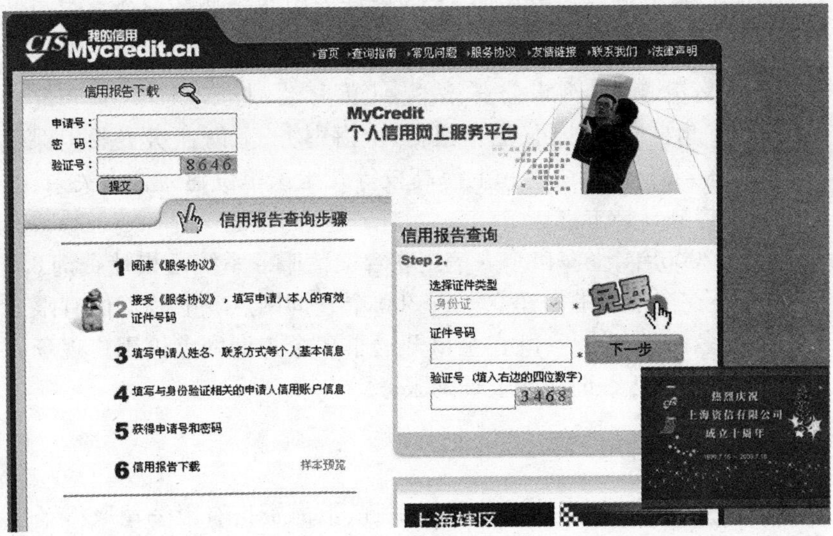

图 5-2　上海市个人信用信息查询界面

上海市信息办牵头组建而成，是我国第一家个人联合征信试点机构。该公司介于官办和民办之间，是专业从事上海市个人征信业务的非银行性质的信用信息服务机构。最早由上海市信息中心、上海市信息投资股份有限公司、上海中汇金融外汇咨询有限公司和上海市隶平实业有限公司等几家单位联合投资1 500万组建。2000年4月上海资信公司与上海15家商业银行签订了《上海市个人信用联合征信业务合作协议书》，就个人信用采集内容、格式、方法及合作双方的权利、义务达成共识，把分散在上海15家商业银行的个人信用信息按照统一的标准进行采集、加工和存储，形成个人信用档案信息数据库，数据库于2000年7月1日正式对外开放，并出具了我国第一份个人信用报告❶。

从性质上来说，上海资信有限公司介于公共征信和私营征信之间。一方面，公司以盈利为目的，有偿提供信用信息查询服务，具有私营征信模式的某些特征；另一方面，公司由中央银行上海分行和上海市信息办牵头组建，不能实现独立自主的市场化经营。与中央银行的企业和个人信用信息基础数据库相比，上海资信有限公司的信用信息采集范围和应用范围并不仅仅局限于金融机构内部。自2001年起上海资信有限公司又相继与上海市公安、法院、上海移动、上海联通、上海市北煤气公司、市北自来水公司、汇丰银行、上海财务、上海住房置业担保公司、租赁协会、会计师协会和上海高校等几十家单位建立合作关系，非银行信用信息日趋丰富。

截至2006年，上海市个人信用联合征信服务系统已累计查询8.5万余次，还在全市范围内建立了近300个查询网点。上海资信有限公司提供了多种查询途径，既在全市开通了多个查询网点供用户现场查询，又开通了电话查询和网上查询服务。

5.2.3 经验启示

作为我国信用体系建设的试点工程，上海资信有限公司取得了巨大的成就，赢得了上海市征信行业的垄断地位，其联合征信服务为上海

---

❶ 黄凌.个人信用信息登记及使用[D].北京：对外经济贸易大学，2004.

市银行系统规避金融风险起到了积极的作用，也探索出了一条适合我国国情的联合征信模式。上海资信有限公司在以下几个方面的经验值得其他兄弟省市学习：

首先，上海资信有限公司采用联合征信模式，不断扩大非银行信用记录的采集范围，上海市的部分政府部门、事业单位、行业协会、高校和企业纷纷与上海资信有限公司签订合作协议，向其提供原始信用信息。

其次，上海资信有限公司不断扩大其业务范围，不仅提供信用信息查询服务，而且提供信用评分、账户管理等信用服务；不仅提供个人和企业的信用信息查询服务，而且提供保险营销员、证券经营机构、上市公司、公务员的诚信档案查询服务。

最后，上海资信有限公司为用户提供了方便快捷的服务渠道，提供现场查询、电话查询、网上查询等多种服务手段。

但是，上海资信有限公司也面临着信用报告应用范围狭窄、盈利状况不佳等问题。另外，由于各主体的利益取向不同，难免产生矛盾。如政府部门看重个人信用联合征信的公益性和制度建设；董事会期待的是更多的投资回报，希望数据库的购买者越多越好；而理事会成员则注重数据安全问题，对过多的商业行为持谨慎态度。这样，上海资信有限公司既要维持正常经营，又要顾及多方面的目标和利益，运作起来难度就较大❶。

5.3 湖南省电子政务外网平台及信用信息系统

5.3.1 建设现状

2005 年 12 月 28 日，湖南省电子政务外网平台及信用信息系统正式开通。该信用信息系统以电子政务外网平台为依托，湖南省政府经济研究信息中心与 34 个省直部门实现网络专线连通，并通过平台实现了省高院、省国税、省地税等 21 个第一批数据归集单位的数据采集和

❶ 李永琳. 关于我国个人信用制度的研究[D]. 天津：天津师范大学，2004.

转发。同时,由建设部门负责的住房公积金信息已通过人民银行的网络实现全省归集。该系统由创智集团、湖南省经济研究信息中心共同承建,具体内容包括“三库一网一平台”。“三库”即以中国人民银行的诚信系统为基础、以信贷服务为重点的企业和个人信用信息数据库,从为个人建立“经济身份证”开始,以信息记录的方式完成对信贷风险的控制防范,并在湖南省高校的学生助学贷款发放工作中初步试行;以工商市场监管为重点的企业信用信息基础数据库,则为19.7万户企业和1 200万名个人建立了网上信用档案;155万户工商企业和个体工商户的登记监管信息、6 000万个人身份识别信息则被录入个人基础信息数据库。“一网”就是湖南信用网,一方面作为信用体系建设领导小组对外宣传的窗口,另一方面作为企业基础信用信息对外集中公开和提供查询服务的窗口。“一平台”是指以湖南省政府经济研究信息中心承建的省政府电子政务外网平台为依托,搭建信用信息数据交换平台,连接政府各相关部门,解决信用信息数据归集和共享查询的网络通道问题。在此大型诚信系统基础之上,政府及个人可以通过网络查看企业相关信息,公民可以通过湖南省公民身份核查系统,自主完成信息查验工作,杜绝假证、多证、重号等不利于经济活动的行为[1]。

目前,湖南省信用信息系统为公、检、法等政法部门及银监、证监、保监、审计等监管部门依法提供信息查询服务,已经发挥了巨大的作用。银行把查询企业和个人信用报告作为信贷审批的重要环节,中国银行湖南省分行利用公民信息服务平台对所有挂失账户进行身份核查近1 000人次,在一定程度上避免了利用假身份信息冒领挂失款的现象,维护了客户的合法权益。湖南省企业信息管理局根据国税部门的需要,对工商登记信息与国税纳税信息进行比对,发现有700多家已进行工商登记的企业未依法纳税,为国税部门堵塞征管漏洞、加大征管力度提供了很大的帮助。湖南省政府还在行政管理工作中推广使用征信产品。2006年“五一”前夕,湖南省总工会在确定“五一”劳动奖状获得单位和劳动模范时主动调查了“企业信用信息基础数据库”。长沙

---

[1] 韩兵.电子政务突破三重门[J].电子商务,2006(3):77-78.

县委、县政府在2006年年终筛选优秀公务员时，也主动与“三库”联系，凡有严重不良信用记录者不授予相应的荣誉称号。在信用体系建设领导小组办公室的积极推动下，部分地方政府已出台政策文件，规定在政府采购、项目招标中推广使用征信产品，把企业和个人信用记录作为审查的重要依据。在人民银行的推动下，全省住房公积金中心在发放住房公积金贷款时，把审查个人信用记录作为贷款发放审批的重要环节，个人征信产品的市场需求因此迅速扩大。另外，该信用信息系统也加强了对社会公众的服务。人民银行长沙中心支行2006年11月发布了《向社会开放个人信用报告直接查询服务的通告》，通过商业银行各网点向社会发放个人信用报告查询宣传资料76万份，鼓励社会公众到省内人民银行查询自己的个人信用报告。到2007年2月底，已为7 905人提供了个人信用报告查询服务。湖南省企业信息管理局通过采取发放宣传册、播放电视宣传片、刊登报纸广告等方式，提升了企业信息基础数据库和湖南信用网的知名度。截至2006年底，数据库查询量已达8万多人次，信用网访问量超过86万人次；公民信息服务平台年核查量高达300万余人次，月平均查询量达26万人次，96305热线电话年查询量4.5万人次，手机短信核查量3.5万人次。

湖南省信用信息系统由湖南省社会信用体系建设领导小组进行统一的科学规划，湖南省信用建设促进会和湖南大学信用研究中心对建设方案进行了反复论证，历经13次修改完善，最终找到了一种“起点高、成本低、见效快”的建设模式：起点高，该系统以推进改善湖南经济、金融生态环境建设为目标，把“建立信息共享机制”作为突破口，将系统建设成横向为各部门信息共享、纵向与全国联网的一个纵横交错的网络系统。成本低，充分运用已有的信息资源和各部门信息化建设的基础设施，承建部门适当对原有系统进行改造升级和功能完善，没有大的投入。见效快，分散在各部门的信用信息数据，只需稍加整合就可被查询利用，系统从2006年7月开始建设，到12月28日开通，只花了半年的时间。湖南省电子政务外网平台及信用系统的建设为其他兄弟省市乃至全国的社会信用体系建设提供了有益的经验和启示。

5.3.2 特征分析

5.3.2.1 充分利用已有的电子政务建设成果

“十五”期间,湖南省电子政务发展迅速,取得了一系列丰硕的建设成果,为信用体系的构建奠定了坚实的基础。一方面,电子政务网络建设加快,政务网络覆盖全省,省级电子政务内网、外网平台已基本建成,以省政府办公厅为中心的电子政务内网已实现与52个省直部门和市(州、县)的连通,93%以上的省直部门和中央在湘单位建立了局域网,以湖南省政府经济研究信息中心为主所承担建设的省外网平台已基本建成并初步开通,省政府门户网站、14个市(州)和大部分县(区)政府门户网站已经建立,80%的省直和市(州)单位在互联网上开设了自己的窗口,市(州、县)局域网建设普及率为34%[1]。另一方面,湖南省委、省政府先后出台了一系列加快推进电子政务建设的文件,电子政务政策环境得到初步改善。可以说正是由于充分利用了已有的电子政务建设成果,湖南省才能走出一条“起点高、成本低、见效快”的发展模式。

5.3.2.2 以电子政务网络平台建设为重点

在信用体系构建的过程中,湖南省非常重视电子政务网络平台的建设,电子政务外网平台一期工程投资3 000万元,完成了网络基础平台搭建和主要政府部门的横向连接。二期工程中湖南省将在完善升级电子政务网络平台的同时,开展市级平台的建设工作。按照“十一五”规划,湖南省将重点推进本省内网、外网平台向大规模、跨系统横向应用发展,进一步完善内网、外网平台的软、硬件系统,加快解决互联互通中的技术问题,完成与国家外网平台的对接,完成所有省直部门和14个市(州)的接入,实现国家、省、市、县之间的进一步纵横互联互通。5年内要基本建成上联国家、下联市县,标准统一、功能完善、安全可靠、

---

[1] 湖南省人民政府网. 湖南省电子政务外网平台及信用信息系统开通[EB/OL]. [2009-03-31]. http://www.gov.cn/gzdt/2005-12/30/content_142705.htm.

纵横互通的全省电子网络，实现全省90%以上的政府部门联网[1]。

5.3.2.3 实现信息资源快速整合

在初步完成电子政务网络平台构建的基础之上，湖南省开始重点开发利用信息资源，将信息资源看做是宝贵的财富。按照湖南省"十一五"规划，湖南电子政务建设的总体框架可以概括为"一站两网四库十二金"，即一个省政府门户网站，全省电子政务内网和外网，人口、法人、基础地理、宏观经济等四个基础数据库和金盾、金保、金财等十二个部门应用系统，而信用信息系统是湖南省重点开发的电子政务应用服务系统之一。在对湖南省电子政务及信息化发展进行深入全面的调研之后，发现人民银行、工商、公安三个部门的信息化基础条件相对比较好，实现了全省系统内联网和省级数据集中，所拥有的信息资源量比较大而且在信用信息中作用比较重要。比如，人民银行已建成全国联网的企业和个人信用信息数据库，录入了企业和个人信贷信息，这是信用信息中的关键性信息；工商部门依托"金信工程"已基本建成工商注册登记监管系统，记录了企业注册登记的基本身份信息和工商监管信息；公安部门已建成身份证信息数据库，掌握了个人身份基本信息。根据以上情况，湖南省提出了依托上述三个部门的信息化基础，快速整合信息资源，搭建信用信息系统的构想。事实证明，这种独特的建设模式不仅效率高，而且成本低，值得广泛推广应用。

5.3.2.4 立法先行

信用信息的征集、披露与使用涉及企业商业秘密和个人隐私等许多敏感问题，由于缺乏法律制度的支撑，许多部门担心向信用信息系统提供失信信息会引起法律纠纷而不敢公开信息，信用信息采集工作也会陷入困境。为此，在全国性《征信管理条例》、《信用信息公开条例》等法律出台前，湖南省政府决定地方立法先行，于2005年11月颁布实施了《湖南省信用信息管理办法》，该项法令不仅为湖南省社会信用体

---

[1] 中国湖南企业网. 湖南省电子政务外网平台以及信用信息系统开通[EB/OL]. [2009-03-31]. http://www.smehn.gov.cn/assembly/action/browsePage.do?channelID=1123746763488&contentID=1134703195745.

系建设提供了基本法制保障，也为湖南省其他信用法规制度建设提供了参考依据，它的出台为信用信息的征集、披露、使用和监管提供了有力的法律依据，规范了征信机构的行为、保护了企业的商业秘密和个人的隐私。继《湖南省信用信息管理办法》颁布实施之后，领导小组又先后出台了《湖南省第一批信用信息归集指标体系》、《湖南省第一批信用信息归集考核暂行办法》、《湖南省信用信息系统信息分类管理办法》等制度性文件，逐步建立了较为规范和完善的信息归集、披露制度。

5.3.3 经验与启示

湖南省创新性地将电子政务发展与信用体系建设融合在一起，一方面基于电子政务网络平台构建信用信息系统，另一方面以信用信息系统的组建推动电子政务工程快速和深入发展，实现了电子政务与信用体系共同发展和相互推动的共赢发展模式。电子政务外网平台及信用信息系统的开通，不仅标志着湖南省电子政务建设进入了一个新的阶段，而且证明了基于电子政务网络实现信用信息共享是完全可行的。湖南省结合本省的实际情况，将基于电子政务网络实现信用信息开发利用的理论构想付诸实践并取得初步成功，探索出了一条适合我国国情的信用信息开发利用及电子政务发展模式。

湖南信用体系建设的成果在全国引起了一定的反响，2006 年 7 月国务院在湖南召开了全国信用体系建设工作座谈会，国务委员华建敏对湖南信用体系建设予以充分肯定，《人民日报》头版对“湖南模式”予以推介，全国已有 18 个省市派代表团到湖南进行考察。但湖南省的信用信息系统也存在一些不足：

首先，它由政府出资组建，不以盈利为目的，系统缺乏长期发展的动力；

其次，该系统仅仅是整合各个政府部门的原始信用信息，没有对其进行深入的加工整理；

最后，该系统的应用范围非常有限，目前仍然主要依靠政府的推动来扩大其使用范围，系统缺乏相应的信用文化环境和经济环境。

第6章　电子政务、电子商务与社会信用体系建设

电子政务的发展为社会信用体系建设提供了良机，而社会信用体系的完善则为电子商务的健康发展打下了坚实的基础，三者关系非常密切，相互影响，相互促进，它们的蓬勃发展又在许多方面形成新的交叉领域。电子商务既是全球经济一体化的产物，也是全球经济一体化最重要的推动力，推动了地球村的形成，人们足不出户就可以直接完成各种商品的鉴别、谈判、购买、支付等商务环节，是未来经济和商务发展的大趋势，它和电子政务一样，都是随着互联网的出现而几乎同步发展起来的。电子商务是以互联网为代表的最新信息技术成果在经济和商务领域应用的具体表现，电子政务则是以互联网为代表的最新信息技术成果在政府管理领域的应用，二者都借助互联网这个工具，被赋予了新的内涵，共同推动着信息社会的发展。发达而完善的社会信用体系则为电子政务和电子商务创造了良好的发展环境。在信息技术发展日新月异的时代，三者的有机结合为社会经济科技发展奠定了深厚的基础。

在社会信息化过程中，电子政务、电子商务与社会信用体系都起着非常重要的作用，电子商务的发展，不但为电子政务提供有效的技术支持和网络平台支持，更重要的是推动社会信用体系建设，拓展了电子政务的应用领域和成长空间，为政府对企业的宏观引导提供了可靠的平台。电子政务实施之后，不但提升了政府的现代化管理水平，也为企业信息化改造和电子商务提供了良好的支持环境与对接方式，政府也会成为电子商务服务的对象和客户。电子商务、电子政务都需要可靠的社会信用体系作为支撑，健全社会诚信体系可有效解决电子商务、电子政务应用的“瓶颈”，确保在虚拟的电子环境中，每个人都守信并且自觉规范自己的言行，促进金融、商贸、物流、消费领域和全社会信息化进

程。最近几年来,我国各级政府、企业和社会各阶层都认识到三者同时发展的重要性,各级政府并采取切实有效的措施,稳妥地推进发展。

6.1 许多地方政府都认识到电子政务是社会信用体系发展的基础

自1999年实施政府上网工程以来,我国电子政务发展迅速,由硬件建设阶段过渡到信息发布、网上办事阶段。许多政府部门都认识到,发展电子政务不仅仅是网络技术在政府部门的应用,政府的管理实现电子化、网络化,更重要的是,把电子政务的成果应用到社会经济领域,为社会可持续发展提供支撑条件。而利用电子政务网络建设社会信用体系,已为许多地方政府重视,并做了大量的工作。

扬州市政府在《扬州市国民经济和社会信息化"十一五"发展规划》中明确提出:针对目前我国企业和个人的信用信息多数由政府部门与行业机构掌控,信用信息商业化、社会化的市场条件和法规环境尚未具备,仅靠信用专业机构难以开展征信业务的情况,充分利用扬州电子政务网络平台,加以改进、改造,构建全市公共信用信息平台,统一归集以政府部门为主的信用信息资源,既可充分利用现有信息基础设施,又可充分发挥政府推动社会信用信息一体化建设的示范作用❶。

厦门市政府在《厦门市信息港建设"十一·五"发展规划》中明确:信息港建设的十项重点项目之一就是"信用体系的信息化建设",即:抓紧制定和规范信用信息采集的技术标准,逐步开展社会信用信息的交换和共享工作,实现社会信用信息资源共享。加快各级政府电子政务建设,依托政府公共电子政务平台推进信用信息的公开、交换和共享。在保护国家信息安全、商业秘密和个人隐私权的原则下,向合格的征信机构开放信用数据。厦门市的工商、税务、海关、质检、食品药品监

❶ 扬州市国民经济和社会信息化"十一五"发展规划[EB/OL].[2010-06-10].http://www.yangzhou.gov.cn/template/yzzw/2006/10/zt4/6.htm.

管、公安等执法部门，将率先进行信用信息交换共享试点❶。

上海市闵行区《上海闵行区信息化发展"十一五"规划》的发展目标和主要任务中提出"构建企业信用信息共享平台，推动区域社会诚信体系建设"，即：以建立社会信用制度为重点，整合劳保、财税、档案、工商、质监、食药监、招投标中心等部门掌握的、涉及个人和企业的信用记录，促进政府各职能部门所掌握的信用记录的数字化，实现信用信息资源共享❷。

郑州市在《郑州现代化国际化信息化和生态型创新型城市建设纲要（2009—2020）》的第26项"全面推进电子政务"中提出"完善电子政务外网，开展各项电子政务应用。加快电子政务重点项目建设，加快建设办公业务资源、宏观经济管理、应急指挥、工商管理、企业信用、人口资源、卫生信息、人才培训、城市规划与建设以及'金'字系列等重点业务信息系统"❸。

福建、江西、湖南、广东、广西、海南、四川、贵州、云南九省区和香港、澳门两个特别行政区，抓住发展机遇，在2005年提出泛珠三角区域合作战略，签订了"泛珠三角区域合作框架协议"，制定了《泛珠三角区域信息化合作专项规划（2006—2010年）》，在联合推动电子政务应用中提出"建设好泛珠三角合作信息网。加快推进政务公开，消除地区和部门之间的信息孤岛，促进互联互通，资源共享，推动开展跨区域的电子政务应用。大力推进面向社会公众的公共服务。建设泛珠三角区域企业信用信息网，规范市场秩序，促进社会信用体系建设"❹。

2008年8月1日实行的《湖北省个人信用信息采集与应用管理办

---

❶ 厦门市信息港建设"十一·五"发展规划[EB/OL].[2010-06-10]. http://www.xm.gov.cn/zwgk/ghfz/bmgh/200709/t20070929_184596.htm.

❷ 上海市闵行区信息化发展"十一五"规划[EB/OL].[2010-06-10]. http://www.shmh.gov.cn/content.aspx? id=4122.

❸ 郑州现代化国际化信息化和生态型创新型城市建设纲要（2009—2020）[EB/OL].[2010-06-10]. http://www.zynews.com/2009-03/06/content_549240.htm.

❹ 泛珠三角区域信息化合作专项规划（2006—2010年）[EB/OL].[2010-06-10]. http://www.pprd.org.cn/ziliao/zhengce/200603030009.htm.

法(试行)》第三条明确规定,中国人民银行武汉分行在各相关部门配合下,依托省政府电子政务平台,组织有关国家机关、金融机构和社会公共服务机构等信息源单位,建立个人信用信息采集、应用平台。

综上所述,我们可以看出,利用电子政务网络,为建立社会信用体系服务,不但可行,而且各地方都在积极探索电子政务在信用体系中的应用。目前,CNNIC 发布的《第 26 次中国互联网络发展状况统计报告》表明,截至 2010 年 6 月底,我国 gov. cn 域名数达到 51 997 个。从中央政府、部委,到省市、地级市、县、乡镇,大部分都建立了网站,我国大部分地区都建立了互联互通的电子政务网络,利用电子政务网络,政府各部门的信用信息能很方便地汇总到征信中心,各部门又可以实现信用信息的共享,与此同时,也可以在政府网站上发布相关的信息。

6.2 电子商务的核心基础是信用体系

最近,我国两大互联网服务企业腾讯和 360 之争,大大降低了我国互联网企业的信誉。腾讯是目前中国最大的互联网综合服务提供商之一,也是中国服务用户最多的互联网企业之一,其开发的个人和企业 QQ 已经占据 50% 以上的市场份额,QQ 有 6 亿个用户。360 公司是中国最大的互联网安全公司,360 安全卫士是中国用户量最大的安全软件,覆盖了近 75% 的网民,用户量超过 3 亿人。这两家赫赫有名的公司从 2010 年 9 月,开始了一场史无前例的市场争斗。9 月 27 日,360 安全卫士推出个人隐私保护工具“360 隐私保护器”,指责腾讯 QQ 软件窥视用户隐私;10 月 14 日,腾讯正式起诉 360 不正当竞争;10 月 29 日,360 推出“扣扣保镖”安全工具,“阉割”QQ 的多项功能;11 月 3 日 16 时,腾讯发布“致广大 QQ 用户的一封信”,决定将在装有 360 软件的电脑上停止运行 QQ 软件。为了各自公司的利益,双方一方面牺牲客户的利益,另一方面互相指责诋毁,把互联网行业的竞争降低到了一个最低水平,最后在工信部等部门的强力干预下,双方表示了初步的和解,软件恢复兼容。绝大多数网民对两公司的做法均表示严重愤慨和不满,为了商业利益恶性竞争,让用户受害是不能容忍的。商业竞争在合理的范围内是允许的，而这次双方的商业争斗，是不正当竞争，严重伤害了广大用户的利益，严重违反了诚信经营的商业道德，是典型的无信表现。这件事就凸显出建立社会信用体系的必要性、迫切性、重要性，必须以信用制度约束企业的言行。

世界各中央银行调查表明，现在国际资本流量每日超过1万亿美元，金融现货、期货、期权和外汇交易等合约每日平均交易额超过1.23万亿美元。如此巨额的交易，如果没有计算机网络和通信网络，是难以想象的。电子商务的出现是信息网络技术发展的必然，由于信息网络技术已成为一个社会和国家发展的战略性和决定性的因素，所以发展电子商务不仅仅关系到商务模式的划分问题，还关系到经济结构调整和社会转型、关系到国家的生存和发展。在各国的强力推动下，电子商务取得了惊人的发展，2006年世界电子商务交易额达12.8万亿美元，占全球商品交易的18%。

一个社会要发展电子商务，必须具备以下几个基本条件：

(1)发展成熟的互联网；

(2)社会信用体系基本建立，商品交易基本实现电子化；

(3)大多数企业和商户都实现信息化管理，能够上网；

(4)大多数居民家庭都有计算机且能够上网。

传统的商务活动是一种面对面的交易，通过现金或货物进行，看得见、摸得着，交易双方可以对货物的外形、规格、材料、数量等方面做出直观的准确判断，因而交易双方都比较放心。

电子商务是一种全新的商务活动，颠覆了传统商务活动的概念，打破了地域、时空的界限，不用见面，通过网络进行广告、交易、支付、服务等活动，完全在虚拟的空间里就可以完成。由于电子商务避免了面对面，基本上都是通过网络完成的，为了保证交易的顺利进行，双方必须十分信任，相信提供的信息是真实的，对方提供的商品或服务都是如网络上描述的那样，另一方也会如实支付相应数量的货币。这种信任是电子商务最基本的基础，而这种相互信任单纯依靠道德层面的约束是靠不住的，必须建立一种社会信用体系和制度，约束交易双方自觉守信和说话算话。

在电子商务发展过程中，必须做好个人信用、企业信用、社会相关机构的信用建设工作，确保交易的各方尽到自己的职责。电子商务与信用体系的关系就如鱼儿离不开水，一方面，电子商务需要社会信用体系做保证和支持，没有信用体系支持的电子商务风险很高，虚假交易、买家付款得不到货、商品质量差、假冒行为、网络诈骗、网上拍卖哄抬标价、侵犯消费者合法权益就会频频发生，严重阻碍了电子商务的健康发展。如不法分子利用各种欺骗手段，仿冒真实的购物网站的 URL 地址以及页面内容，通过网页或者 QQ 等联络工具迷惑网络购物者，以此来骗取用户银行或信用卡账号、密码等私人资料，或者让网络购物者直接把购物款划入骗子的账号。2010 年下半年我国网络诈骗进入新一轮高发期，金山安全中心最新统计数据显示，活跃在互联网上的存活钓鱼网站超过百万个，金山卫士拦截的钓鱼欺诈网站已高达每日 40 万次。这些不法分子的欺诈活动之所以这么猖狂，与我国信用体系不健全有很大关系。另一方面，在发展电子商务的过程中，社会信用体系不但实现了其社会价值，而且促使人们更多地在网上从事交易，为征信数据的采集提供了强有力的支持，可以大大改变过去那种很难采集到某个人的银行交易数据的局面，所以其又为社会信用体系的进一步发展和完善提供了支撑环境。

当然也有人会说，诚信是中华民族五千年文化的基础，以道德诚信来约束人们就可以了，但实际社会的发展和市场经济的完善，要求我们必须按照市场经济的规律，建立合乎现代社会发展的社会信用体系。

由于我国完善的社会信用体系还没有建立起来，目前建立的个人和企业信用数据库信息主要为商业银行服务。而我国电子商务却发展很快，2010 年 8 月 30 日，商务部副部长蒋耀平在《中国电子商务报告（2008—2009）》发布会上说，2009 年中国电子商务交易额达到 3.8 万亿元，网络购物交易额达到 2 586 亿元，同比分别增长 21.7% 和 105.8%；网络购物用户规模已经达到 1.08 亿人，年增长 45.9%；2009 年，网络购物交易额占到社会消费品零售总额的 2.06%。此外，网络经商人数持续快速增长，截至2009年9月底，达到6 300万人[1]。

网络已经深入到社会的各个领域，成为我们日常生活和现代社会发展必不可少的工具，加速了整个社会的信息传播和商品流通，一方面，由于电子商务能够降低企业的经营、流通、人员和广告等成本，提高了企业产品进入市场的速度，使企业更能针对市场、针对消费者的不同需要进行个性化、差异化市场服务；另一方面，消费者有了更多选择的机会，更能选择价位、式样、产地合乎自己要求的产品，个性化、多样化的市场需求能更进一步拉动企业的发展和市场拓展。所以，从企业自身发展、消费者需求、市场的推动等方面来说，电子商务都带来了全新的变化，使所有企业都站在一个竞争的起跑线上，尤其是促使中小企业有更多的机会参与国际市场竞争，促使广大企业把产品销售到偏远的农村地区，直接销售到千家万户。以手机为媒介的移动电子商务的快速发展，大大拓展了企业电子商务新的发展空间，为企业发展注入新的活力和竞争力，必将在我国国民经济和社会发展中占据越来越重要的地位。让电子商务大放异彩的是，电子商务在一些特殊时期或特殊事件中发挥出非常重要的作用，如在“非典”、抗震救灾、金融危机等事件中，电子商务的表现可圈可点。

电子商务的持续快速发展，已经成为中国现代商业的重要组成部分。我国统一的社会信用体系还没有真正建立起来，可是电子商务发展迅猛无比，时不我待，所以我国的电子商务行业，为了规范行业发展，自我创新了四种信用模式来约束电子商务的交易各方，即中介人模式、担保人模式、网站经营模式和委托授权模式，如阿里巴巴、生意宝、慧聪网、中国网库、淘宝网、京东商城、凡客诚品、新蛋网、红孩子、乐友、麦包包、易宝支付等都采用不同的信用模式降低交易风险。中介人模式就是通过电子商务网站的管理机构控制交易的全过程；担保人模式是以网站或网站的经营企业为交易各方提供信用担保为特征；网站经营模式就是买方将货款打到网站指定的账户上后，卖方才给买方发货；委托授权模式就是电子商务网站建立交易规则，并要求交易各方在指定银

[1] 李予阳. 我国电子商务年交易额达3.8万亿元[N]. 经济日报，2010-08-31(03).

行设立公共交易账户，由银行对各方进行信用管理。这四种模式在我国电子商务发展过程中起到了重要作用，但是，这些模式只是在电子商务发展初期，电子商务企业为解决交易的信用问题进行的尝试和探索，只是采取权宜之计去解决一些局部的、特定的交易信用问题，有的适用于某一网站，有的适用于某些特定的商品，有的适用于某些地区，有的适用于某一类特定的交易主体，只是企业内部暂时的规则，缺乏权威性和法制性，既没有法的强制力，也对交易的各方没有约束和威慑作用，不具有普遍的意义，也不能广泛推广。

目前，我国电子商务领域存在的诸多违法犯罪、欺诈客户等行为，就与信用体系的缺乏有密切的关系。虽然在电子商务的快速发展过程中，中国广大消费者和企业都普遍接受了这种消费方式、观念和电子商务技术，但在电子商务背后的支撑要素——信用机制，却发展缓慢，远远不能适应快速发展的电子商务的需要，不能为电子商务提供坚强后盾。电子商务企业无可奈何之下各自为政，建立了简单的信用保证制度，大大增加了电子商务企业的运营成本，增加了电子商务的风险，滞后的社会信用成为阻碍电子商务快速而健康发展的"瓶颈"和关键因素。所以，建立符合现代市场经济需要的、能为电子商务保驾护航的全社会的信用体系迫在眉睫。

要克服发展中存在的问题，建立符合网络信息时代的电子商务体系，既不能一蹴而就，也不是哪一个部门的任务，需要在中央政府强力推动和各级地方政府、企业、社会组织的大力配合下，多方努力，齐头并进。国务院在2007年3月发布了《国务院办公厅关于社会信用体系建设的若干意见》，明确指出，为加强统筹协调，由国务院办公厅牵头建立国务院社会信用体系建设部际联席会议制度，指导推进有关工作。按照统一领导、综合监管的原则，根据具体业务范围和各部门的职责分工，分别指定有关部门具体负责日常监管，落实监管责任。当前我国已经初步由中国人民银行征信中心建立了企业信用信息数据库和个人信用信息数据库，这个系统还需要工商、公安、税务等部门协同奋战。为了使社会信用体系更好地为电子商务发展服务，也要借鉴国内电子商务企业已经建立的信用制度的经验，听取他们的意见。与此同时，中国人民银行的信用系统在条件许可范围内，为电子商务企业提供信用支持服务。

6.3　电子政务、电子商务与社会信用体系

电子政务、电子商务与社会信用体系的关系十分密切，一方面，电子政务、电子商务的发展为建立现代信用体系提供了支持保障；另一方面，现代信用体系规范了企业、社会组织和国民的行为，促使他们在利用电子政务、电子商务时自觉守信，为电子政务、电子商务提供一个干净、健康的环境。

6.3.1　美国完善的社会信用体系为电子商务、电子政务的发展奠定了基础

由于历史条件、文化制度和社会经济、技术等方面条件不一样，在各个国家，电子政务、电子商务与社会信用体系的发展先后顺序是不一样的。在世界经济最发达的美国，早在100多年前，社会信用建设已经开始起步，到20世纪70年代，已经从信用信息的采集、使用、管理、相关法律等方面基本建成现代社会信用体系，普遍实行信用卡制度，建立了一整套完善的信用制度。一般美国人都把信用看做自己的第二生命，在网上购物时用信用卡直接消费，即使透支了也会在消费之后马上还款，这为电子商务的形成和发展提供了坚实的信用消费环境。在70年代以电子邮件为标志的第一代电子商务已经在美国诞生并获得应用，一些公司已经在应用电子自动收款机和信用卡等方式传送商业信息，后来标准格式商务单证的电子数据交换（EDI）产生，许多公司开始运用EDI方式传送与接收订单、交货和付款。进入80年代，网络的迅速发展为电子商务出现提供了新的土壤。1993年起，因特网面向商业用户并向普通公众开放，用户数量开始滚雪球式地增长，各种网上服务不断增加，以Web为代表的信息发布系统成为第二代电子商务，当Internet时代到来的时候，美国已经有了一个比较先进和发达的电子商务基础，美国在线（AOL）、雅虎、电子港湾等著名的电子商务公司在1995

年就开始赚钱。在美国,电子商务实践早于电子商务概念,企业的商务需求推动了网络和电子商务技术的进步,并促成电子商务概念的形成,IBM公司在1996年提出了狭义的电子商务概念,即Electronic Commerce,1997年又提出了广义的电子商务概念,即Electronic Business,如今美国已经步入第三代电子商务时代。1993年,美国政府看到互联网在电子商务的广泛应用,敏锐捕捉和预见到了互联网在政府管理中应用的可能性,克林顿政府在建立国家绩效评估委员会(National Performance Review Committee)时,就提出应用先进的信息网络技术克服美国政府在管理和提供服务方面所存在的弊端,构建的“电子政府”成为政府改革的一个重要里程碑。1994年12月,美国政府信息技术服务小组强调利用信息技术协助政府与客户间的互动,建立以客户为导向的电子政务,以提供效率更高、更便于使用的服务,提供更多取得政府服务的机会与渠道。1995年克林顿政府出台《文书削减法》,要求各部门呈交的表格必须使用电子方式,规定到2003年全部实现上网。此后美国拉开了电子政务建设的序幕,目前已经建起一个覆盖全美各级政府及其他行业在内的庞大的超级计算机网络,联邦政府、州政府、县市政府都建有自己的站点。美国电子政务基本实现了三个目标:居民与政府打交道和获得政府服务更加容易,提高了政府工作效率,改善了政府部门对居民的回应。美国政府的电子政务计划也推动了世界其他各国电子政务的发展。

6.3.2 中国电子政务、电子商务发展推动了社会信用体系建设

我国与美国正好相反,中国是电子政务推动了电子商务发展,而电子政务和电子商务的发展又共同推动了社会信用体系的建设和完善。我国电子政务最早可以追溯到20世纪80年代中期,以政府办公自动化建设为标志,由此拉开我国电子政务建设的序幕。1985年国家决定在中央政府部门开展办公自动化建设,逐步实现决策与政府行政管理信息网络化。1994年中央办公厅、国务院办公厅为进一步推动政府办公自动化的发展,率先组织专门的人力、物力实现了旨在使“两办”办公高度自动化的“金海工程”,国务院办公厅还组织全国所有的省、自

治区、直辖市组建了“全国政府系统办公自动化协作网”，各级政府部门陆续采用和普及办公自动化。这一阶段发展的重点是实现办公自动化、信息数字化和传递网络化。1993 年，各国掀起兴建信息高速公路浪潮，为了推动国民经济信息化，我国开始实施了“三金工程”，即“金桥工程”、“金关工程”、“金卡工程”；后来公安系统实施了“金盾工程”，税务系统实施了“金税工程”。这些工程使我国一些重点行业和部门的信息化水平大大提高，还构建了政府专用的通信网，实现了政府间的互联，初步搭建了电子政务的框架体系，为电子政务的发展打下了坚实的基础。1998 年 4 月，青岛市在互联网上建立了我国第一个严格意义上的政府网站“青岛政务信息网”，1998 年 5 月，gov. cn 下注册的域名数为 145 个。1999 年 1 月 22 日，由信息产业部联合 40 多家部、委、局信息主管部门共同倡议发起的“政府上网工程”宣布正式启动，并将 1999 年定为政府上网年。根据“政府上网工程”的构思，我国将通过以下三步进入信息化社会：

一是在公众信息网上建立各级政府部门正式站点，提高政府信息资源共享程度和提供一些政府的应用项目；

二是政府站点与政府办公自动化网互联，政府站点演变为便民服务的窗口，实现人们足不出户完成在政府部门的办事程序，构建“电子政府”；

三是利用“政府上网工程”和政府职能启动行业上网工程，如企业上网工程，家庭上网工程，通过网络实现信息共享，又实现多种社会功能，形成网络社会。

2002 年以后，从中央到地方都采取了一系列措施，相继上马了一批电子政务项目，把我国电子政务建设向更高层次推进。如今，各级政府部门都已上网，政府网站都已经从网站建设过渡到信息发布，一些网站已经能实现网上办事和在线互动。

我国电子商务发展则与美国完全不一样。在 1997 年，电子商务概念引入中国，网络和信息技术的发展，特别是美国电子商务技术的成熟应用，吸引着中国企业开始关注和使用电子商务，进而促进我国电子商务发展。1998 年 4 月，我国举办了上海国际电子商务论坛。1999 年 1

月，信息产业部召开专题会议，对我国电子商务建设做出部署，并制定电子商务框架，政府采取了很多切实可行的措施推动电子商务发展。在 1999 年和 2000 年，电子商务网站的实力都很小，在风险投资的支持下，成为此一时期电子商务发展的主体。2000 年我国电子商务发展再上一个新的台阶，1 月国家经贸委和信息产业部共同发起“企业信息化工程”，把企业电子商务建设作为一项重要内容，2 月我国颁布了《中国电子商务发展战略纲要》，4 月第四届中国国际电子商务大会在北京召开，6 月中国电子商务委员会在北京成立。从 2001 年开始，企业逐渐成为电子商务的主体，2007 年全国电子商务交易总额达到 2.17 万亿元。据商务部网站消息，2009 年，我国电子商务交易额达 3.8 万亿元，网络购物交易额达到 2 586 亿元，我国已经进入电子商务务实发展阶段，大型企业应用广泛，中小企业电子商务意识普遍提高，电子商务已经应用到社会经济各领域。但快速发展的电子商务也存在不容忽视的问题，如网上交易的安全问题、电子合同的法律问题、社会信用不健全问题等。

6.3.3 电子政务、电子商务与社会信用体系的协调发展

我国电子政务的快速发展，在政府各部门广泛应用，为信用信息的采集、传输、共享提供了网络基础，而电子商务在社会各方面的应用，促使我国加快建立现代社会信用体系的步伐，三者的协调发展，形成一个和谐的整体，为我国和谐社会的构建奠定了良好的基础。

我国电子政务的快速发展和应用已经为信用体系奠定了坚实的基础。

第一，在电子政务环境下，政府信息实现最大限度公开，信息实现充分共享，这是信用信息共享的基础。

第二，全国互联的政府网络为信用信息采集、管理、利用提供技术基础。

第三，电子政务是建立信用政府的关键措施，通过电子政务，促使政府向服务型政府转变，增加政府活动透明度，把政府公务活动置于社会监督之下，拉近政府与公众的距离。

第四,通过电子政务,还可以广泛收集民情民意,提高政府决策的民主化、科学化。

第五,在电子政务发展过程中制定的一些法律,如信息公开、共享,个人隐私信息保护等,都是信用体系法律的基础。在电子政务发展过程中,建立一个遵守诺言和守信用的政府,可以给企业、个人信用建设带来强烈的示范作用和引导作用。

电子商务的健康发展离不开电子政务网络建设和社会信用建设。在电子政务建设过程中,信用政府的建立,可以带动企业信用、个人信用、银行信用、社会组织信用、法制信用等方面的建设,形成一个有利于电子商务成长的良好信用环境。电子政务实现以后,企业和政府打交道时,必须通过网络和政府实现无缝对接,各种统计信息和报表的填写和呈报需要通过网络,税务、工商、海关、政府的采购与招标等都需要通过网络,这就要求企业实现网络信息化,和政府的联系更加密切和广泛,直接推动企业电子商务发展。政府信息化和企业信息化为电子商务奠定了物质基础,再加上广大消费者网上消费习惯的慢慢形成,就推动了电子商务的发展。在电子商务发展的过程中,网上信息广告的发布、双方交易、资金支付、物流配送等各个环节都存在一定的风险。因为电子商务交易双方是不碰面的,对交易双方来说,都有一定风险。虽然在电子商务的交易诸环节中,都制定了一些法律,电子商务企业和网站也建立了一些信用保障制度,可是没有全国统一的社会信用体系支持的电子商务依然存在很多问题,特别是风险性极高,在很大程度上阻碍了电子商务的进一步发展,所以电子商务对我国建立社会信用体系的需要最迫切。电子商务的发展应用,又为全国社会信用体系建立提供便利条件,一方面,电子商务的信息流、资金流、物流、电子签章四者相互组成一个有机整体,在此基础上,通过对数据的综合分析和技术加工,把这些数据通过网络传到征信数据库中,就很容易成为社会信用数据库的信用信息;另一方面,信用体系建立以后,会大大增强个人和企业的消费信心,吸引越来越多的企业、个人、社会机构加入到电子商务消费活动中,这些企业、社会机构、个人的消费信用信息就会源源不断地补充到信用数据库中。这些信用信息具有很强的实效性、动态性、准确性、广泛性，从而可以避免当前中国人民银行的个人和企业信用信息数据库信息主要来自银行的尴尬局面，为信用体系创造持续、稳定、动态的基础。

为了进一步规范网络交易行为，保护消费者和经营者的权益，建设良好信用环境，国家工商总局在2010年5月31发布了《网络商品交易及有关服务行为管理暂行办法》，其中明确规定，通过网络从事商品交易及有关服务行为的自然人，应提交其姓名和地址等真实身份信息，并于7月1日正式施行。2010年6月21日，中国人民银行出台了《非金融机构支付服务管理办法》，要求第三方支付公司必须在2011年9月1日前申请取得支付业务许可证，且全国性公司注册资本最低为1亿元。这些措施表明，在建立良好信用环境的道路上，我国政府部门在不断的努力之中。

与国外社会信用体系建设相比，我国有自己的鲜明特色或者说具有中国特色，即中国的社会信用体系是建立在国家大力发展电子政务基础之上的。这种发展模式既能使我国在短期内建立一个高效的社会信用信息网络和社会信用体系，又能为电子商务发展提供服务和保证。电子政务、电子商务、社会信用体系三者相互作用、相互促进，共同推动了我国形成和谐、文明、公正、合理、高效的政治环境、生活环境、社会经济与科技环境。

第7章 我国社会信用体系建设的现状、存在问题及对策

7.1 我国社会信用体系的建设现状

社会信用制度是建设现代市场体系的必要条件,也是规范市场经济秩序的治本之策。增强全社会的信用意识,建立健全社会信用制度,是完善社会主义市场经济体制的基本要求。因此,在进一步完善市场体系的过程中必须重视社会信用制度的建设。中共十六届三中全会通过的《中共中央关于完善社会主义市场经济体制若干问题的决定》高度评价了建立健全社会信用体系在完善市场体系中的作用,并强调要形成以道德为支撑、产权为基础、法律为保障的社会信用制度。20世纪90年代,信用缺失严重制约着我国市场经济的发展和精神文明的建设,社会各界对信用服务的呼声越来越强烈。1992年开始陆续出现了新华信商业信用咨询有限公司、上海资信有限公司等一批信用信息服务公司。21世纪伊始,国家信用体系建设和个人信用信息管理被正式提上议事日程,社会信用体系建设工作稳步开展。

7.1.1 国家级信用体系建设已经初具规模

据了解,国家工商管理总局建立的企业信用信息数据库,已录入600多万户企业的基本信息,根据企业信用等级标准,明确了在市场监管中相应的激励、预警、惩戒和淘汰机制;海关总署对在册的30多万家企业实施信用分类监管,将企业划分为A、B、C、D四个类别,定期公布诚信企业"红名单"和失信企业"黑名单";公安部正在建设"全国人口基本信息资源库"、"全国违法犯罪人员信息资源库"等八大基础性、共享性信息资源库;国家税务总局正全面建设"金税"三期工程,以实现

对纳税人的综合管理和监控；财政部依托中国注册会计师协会，建立了注册会计师、注册资产评估师诚信档案系统；司法部正在建立律师行业信用信息系统。国务院信息化工作办公室积极推进工商、国税、地税、质监等部门的企业基础信息共享，经杭州、济南等城市试点后，正在全国推广；国家发展改革委在北京、天津、黑龙江、安徽、湖北五省市开展信用信息互联互通试点。2004 年底，中央银行组建全国集中统一的个人信用信息基础数据库，2006 年 1 月正式在全国运行，截至 2007 年 6 月底，个人信用基础数据库已覆盖 5.7 亿自然人，基本上实现了银行内部的个人信用信息共享❶。该数据库的建立标志着我国的信用体系建设迈出了实质性的一步，但与发达征信国家相比还存在较大的差距，从该数据库的实际运营情况来看，确实也存在不少问题，例如征信范围狭窄、信息需求不足、经营方式单一、缺乏法律支撑，等等。该信用信息基础数据库只是简单构建了一个信用信息管理和共享的框架，与社会信用体系建设的目标还相去甚远。

7.1.2 地方信用体系建设取得了较大的成功

在地方征信体系建设上，以上海为代表的东部沿海地区和城市率先迈出第一步。1997 年，上海开始开展企业资信评级，并根据实际需要，逐步建立了个人和企业联合征信系统。自 1999 年开始，上海、深圳、北京、浙江等地相继进行地方征信体系建设。上海、深圳、浙江等模式都获得了较大成功，区域内部信用信息缺乏和信息不对称的现象得到了明显改变，市场经济秩序得到有效规范，金融生态环境显著改善。2004 年，山东省坚持“政府引导、市场主导 ”的原则，在 4 个城市积极开展借款企业资信评级试点。12 月末，共有 85 户企业与相关评级公司签订评级协议，完成企业评级作业 83 户，初步启动了资信评级市场。地方政府高度重视信用体系建设，27 个省市建立了领导推进机制。北京、天津、浙江、杭州、宁波、深圳、汕头等省市都建立了统一的信用信息

---

❶ 人民网. 中国人民银行称个人信用信息实现银行间共享[EB/OL].［2007-11-16］. http://finance.people.com.cn/GB/1040/4032641.html.

共享平台,浙江省的信用信息平台汇集了工商、国税、地税、质监、海关、公安等39个部门的信息。有些地区之间形成了区域间联防机制,如上海、江苏、浙江联手推进“信用长三角”建设。

7.1.3 基于电子政务的信用体系建设已经付诸实践

近年来,在电子政务的推动之下,社会信用体系建设工作成效显著。湖南、北京、天津、成都、浙江、广东等省市已经开始尝试基于电子政务网络整合信用信息资源,尽管目前只是作为试点工程,尚未进行大规模推广应用,但已经初步印证了基于电子政务实现信用信息系统的建设具有较高的必要性和可行性。例如,2004年成都市基于电子政务网络构建企业信用信息系统,整合了工商、税务、质监、药监、法院、海关等28家部门的信用信息,行政机关通过本市电子政务外网、社会公众可以通过互联网访问该系统网站,查询本市所有企业的信用信息[1]。虽然,我国征信体系建设有了一定的发展,但仍然存在着许多问题,如各方面反映突出的征信相关法律不健全、信息数据部门分割、行业自律不足等。目前,我国仍然没有建立全国统一的完善的信用制度,也尚未实现信用信息的深入开发和广泛共享,与发达征信国家相比,只是处于个人信用信息资源建设以及社会信用体系建设的起步阶段。

7.1.4 企业信用实践不断深入,诚信水平有较大提高

随着我国市场经济的不断完善,国内企业不断适应经济全球化和市场竞争的要求,积极推进企业信用建设,企业的信用自律、信用风险防范的意识和能力有了较大提高。中国企业联合会问卷调查显示,大多数企业把诚信作为核心价值观,设立了兼职或专门的信用管理部门,制定员工的诚信行为准则,并通过信用评级、信用档案等方式对商业伙伴进行信用管理;许多企业从自身正反两方面的经验和教训中深深体会到,信用可以转化为竞争优势,可以带来明显的经济效益,相反,如果

---

[1] 刘浏.电子政务促使成都企业信用信息实现大整合[EB/OL].[2009-03-28].http://www.donews.com/Content/200602/ece97ba67e2845fbbe0eb428ea5d3ef0.shtm.

不讲信用,虽然也可能一时得利,但这种不当得利只能是短期的、局部的、不可持久的。不少企业通过诚信建设,实现了跨越式发展。

7.1.5 信用政策制定工作初步展开

目前,社会信用体系建设已经得到国家领导和有关管理部门的高度重视,国家和部分省市已经出台了一些政策和规章,例如,《关于国民经济和社会发展第十个五年计划纲要的报告》中提出,要大力倡导诚实守信的职业道德,加快建立健全社会信用制度;国家经贸委、工商总局、中国人民银行等十部委联合下发的国经贸中小企业〔2001〕368号文件《关于加强中小企业信用管理工作的若干意见》中提出了我国中小企业信用体系建设的指导意见;中国人民银行总行还制定了《征信管理条例(征求意见稿)》。另外,各个省市根据本地区信用体系建设的需要,开展了信用立法、数据标准化方面的探索和实践,对信用信息的内容、归集的渠道和时限、公开的范围和方式作出规定,统一信用信息的数据格式和传输方法,为信用体系的运转提供法律依据和技术保障。吉林、江苏、浙江等省制定了信息公开管理办法;上海、深圳市出台了企业和个人信用征信管理办法;天津市在充分论证的基础上,提出了涵盖企业信用评价的156项基础指标,明确了信用信息的收集范围。

7.1.6 信用服务行业逐步发展,信用需求日益增加

我国信用服务行业正步入发展期,成为一个新兴的服务行业。目前,我国有各类信用调查机构100多家,资信评级机构近80家,信用担保机构2 000多家,其他专业信用服务机构500多家,信用服务市场已经初具规模。劳动和社会保障部于2005年3月决定将信用管理师作为一种新职业,并于2006年1月颁布了信用管理师国家职业标准。信用服务行业的标准化建设工作也已经启动,全国标准化委员会已经成立全国信用标准工作组,正在起草有关信用基础标准。一些部门和地方政府积极培育信用服务需求,制定了专门的办法和鼓励措施,要求在人才流动、公证、保险、重大项目招投标等领域使用信用报告,信用需求日益增加。

7.1.7 诚信宣传深入人心，诚信意识明显增强

经过近几年来大范围、高强度的宣传教育，诚信已经成为社会道德中重要的主旋律，“守信光荣、处处受益，失信可耻、处处受制”的观念深入人心，日益成为政府官员、学界专家、厂长经理和普通百姓的广泛共识。各地按照《公民道德建设实施纲要》、全国整顿和规范市场秩序领导小组办公室（简称整规办）等单位联合下发的《关于开展社会诚信宣传教育的工作意见》等文件要求，深入开展诚信宣传教育。2005 年 9 月，全国整规办会同中共中央宣传部等 10 个部门和单位，首次联合举办了“诚信兴商宣传月”活动，吴仪副总理在开幕式致辞中指出，“诚信经营就是生产力，就是竞争力”，并且在宣传月活动的总结报告上批示：“这项活动抓得很好。今后每年都要坚持办下去。”2007 年，全国整规办、中共中央宣传部等 13 个部门和单位联合下发了《关于深入开展“诚信兴商”活动的意见》，对“诚信兴商”活动的指导思想、总体目标和主要内容提出了明确要求。根据吴仪副总理的指示，今后每年都要举办“诚信兴商宣传月”活动。

7.2 存在的问题

目前，我国社会各界都已经认识到开发利用信用信息对于推动社会信用体系建设和加快市场经济发展的重要意义，许多部门和地方的信用体系建设也取得了明显的成效。但如果客观全面地加以考察，我们可以发现我国的社会信用体系建设还处于起步阶段，信用体系的建设水平很低，不仅与发达征信国家存在较大差距，而且远远不能满足社会主义市场经济的发展需求。在我国个人信用信息开发与利用中还存在许多亟待解决的问题，这些问题影响着我国社会信用体系的建设和信用行业的发展。

7.2.1 信用信息开放程度不够

一直以来，我国的社会信用体系建设面临着较为严重的信息公开

"瓶颈",尽管近年来随着社会信息化及电子政务的发展,特别是《政府信息公开条例》颁布之后,信息封闭的情况有所缓和,但目前信用信息的开放程度仍然较低,无法满足公众的信用信息需求。政府及相关部门持有大量的信用信息,其公开程度很低,一些企业和个人又把商业秘密与个人隐私的范围扩大化,随着有关部门和地区积极建立各自的信用信息系统,信用信息割据的倾向越来越明显。如何实现信用信息开放,促进我国社会信用体系尽快建立是当前急需解决的重大问题。目前,我国大部分的信用信息都掌握在各级政府部门手中,但这些信息一般不向社会公开,征信机构采集不到信用信息,很难开展信用信息服务工作。另外,信用信息部门相互分割、相互封锁的现象也比较普遍。从目前各政府部门对征信公司开放数据的情况来看,只有工商部门基本实现了少部分信息数据向公众开放,但开放的数据很不完整,而且各地区工商部门信息开放的程度也不一致。有些部门的数据是有偿开放的,也没有统一的收费标准,征信机构采集信用信息的难度大、成本高。

7.2.2 社会信用体系建设缺乏统一的领导和规划

从我国信用体系建设的现状来看,我国信用体系建设还缺乏全国统筹协调和统一领导,全国信用体系建设与部门或地方信用体系建设之间、中央各部门之间、中央部门和地方政府部门之间、信用中介机构与政府部门之间存在各自为政、重复建设的问题,造成了社会资源的巨大浪费,也影响了我国社会信用体系建设的进程。在社会信用体系领导权问题上,中国人民银行、国家发展改革委、商务部之间长期存在着竞争,三者也分别在各自的职权范围之内开展了信用体系建设工作。2002 年 3 月,经国务院批准,由中国人民银行牵头,国家经贸委、国务院信息办等 16 个部委及国有商业银行人员成立了国务院建立企业和个人征信专题工作小组。目前,我国的社会信用体系建设仍然处于多头领导和监管的状态,普遍存在着资源不能共享、信用工程重复建设等问题。信用体系的建设以及信用中介机构的发展要求尽快明确领导和监管主体。

信用信息系统建设是一项庞大复杂的系统工程,覆盖经济和社会的各个领域，涉及法律、制度、道德、管理、服务、信息等许多方面，同时还要协调处理政府、银行、企事业单位等多方利益关系。因此，需要有全国统一的信用管理机构对信用信息的开发利用工作和社会信用体系建设工作进行指导、规划与协调。而这一点恰恰是目前我国信用信息系统建设和信用体系建设的一大瓶颈。我国既没有成立专职和权威的信用管理部门，也没有制定一套全国性社会信用体系建设实施方案。尽管中国人民银行已经成立征信局，但由于它终究是国务院一个职能部门下的一个专业部门，难以在国务院各部门之间和各省、自治区、直辖市之间发挥协调指导作用[1]。由于缺乏全国统一的规划协调，目前各地方各部门各自为政、分头开发、重复建设，不仅北京、上海、浙江、湖南等省市在开发建立本地的信用信息系统和社会信用体系，而且工商、银行、税务、海关等部门也在整合开发本部门的信用信息。一方面，开发建设效率很低，资源浪费严重，并且形成了新的“信息孤岛”；另一方面，各地各部门分别根据自身情况出台了许多开发和评价指标体系，这些指标体系相对混乱，影响了信用信息的权威性和公信度。

7.2.3 征信产品的市场需求不足

当前，包括政府、企业和个人在内的社会各界对于加快征信体系建设的重要性、紧迫性已经达成共识，金融机构与企业对征信产品的需求也十分迫切。但企业和金融机构对我国评级机构的征信产品认知与信任程度远远不足，企业参与评级的积极性不高；商业银行也不能主动利用外部评级结果加强信贷管理，征信产品的市场需求不足客观上制约着征信体系建设和征信市场的发展。征信机构的存活和征信市场的形成离不开信用信息产品的市场需求。旺盛的市场需求为征信机构带来了利润空间，由此带来征信机构的壮大和征信市场的繁荣。另外，信用信息共享带有明显的“网络效应”，即持有和使用信用报告的人越多，信用信息的激励和约束力越强，就会有更多的人关注信用问题，由此进

[1] 谭中明. 社会信用管理体系——理论、模式、体制与机制[M]. 合肥：中国科学技术大学出版社，2005.

入一个良性循环。对于市场需求的重要性我们可以从发达征信国家的实践中得到验证,例如美国人的信用意识很强,个人信用信息是公民的"第二身份证",信用局出具的信用报告在个人求学、求职、晋升、申请贷款、申领信用卡时都可作为重要的参考依据。企业、银行、保险公司、零售商、房地产商、雇主以及政府部门等都是信用产品的消费主体,个人也经常查询信用信息关注自身的信用状况。因此,三大信用局每月进行20多亿份信息数据的处理工作,拥有美国1.8亿个成年人的信息资料,每年出售个人信用报告多达6亿份❶。正是这种全社会普遍的信用信息产品需求,使征信机构盈利并获得较快的发展,另外也使美国人特别重视维护自己良好的信用记录,尽力减少失信行为的发生。

随着信用制度、信用系统的完善和人们信用意识的增强,我国的信用消费市场在蓬勃发展之中。从信用消费的情况来看,在个人和家庭的生活中日益占据重要地位,目前已经形成了住房与装修贷款、信用卡、汽车、教育助学金发放、旅游、医疗贷款、个人短期信用贷款和循环使用额度贷款等十几大类的信用消费品种。据中国人民银行征信中心数据显示,截至2010年5月31日,各商业银行在企业征信系统查询次数达11 982.9万次,其中2010年1~5月查询1 933.2万次,同比增长31.1%,工作日单日查询最高量达24.4万次;各商业银行在个人征信系统查询次数达6.5亿次,其中2010年1~5月查询1.29亿次,同比增长60.3%,日查询最高量达154.6万次。❷ 虽然这仅是银行系统的查询数据,可以从侧面说明信用在我国社会经济发展中起的作用越来越重要。然而,要形成完善的信用消费市场,仅仅只是金融类的信用消费还不够,还必须拓展信用产品的应用领域,全社会各行各业广泛使用信用产品,如在企业招聘员工时要查询员工的个人信用报告,每个公民自觉关注自己的信用记录,这样才能促进信用市场健康、稳步发展。

---

❶ 鲜于丹,刘洪,李明星. 美国个人征信体系现状[J]. 商业现代化,2006(8):221-222.

❷ 中国人民银行征信中心. 征信系统防范信贷风险成效显著[EB/OL]. [2010-11-15]. http://www.pbccrc.org.cn/zhengxindongtai_345.html.

7.2.4 信用信息服务行业自律不足

据统计，截至2004年7月，我国有专门从事征信业务的征信机构200家，其他从事部分征信业务活动的社会信用中介机构1 000多家，还有中央和地方政府有关部门运作的一些信用信息系统，全国征信从业人员约5 000人[1]。目前，我国信用服务行业尚没有成立行业协会，行业内缺乏自律机制，基本上处于无序竞争状态。因此，行业内的信息交流、人员的教育培训以及制定行业执业技术标准（如征信报告格式、数据格式、编码格式、数据库建立标准等）和执业规范等工作都难以开展。由于没有统一的行业标准，目前已经建立的信用信息系统标准各异，呈现出离散分布、难以共享的状态。信用信息服务中介机构需要加强自律，信用行业的发展需要建立起信用行业协会，加强行业自律和行业内部的协调与沟通。

7.3 我国社会信用体系建设的改进策略

如前文所述，我国社会信用体系建设工作存在许多不足之处，这些问题已经成为制约我国信用行业发展和社会信用体系建设的桎梏。尽管其中有些问题在短期内无法消除，但这并不意味着我们无力应对。参照征信国家的发展经验，结合我国的现实国情，笔者认为，如果要改变我国信用信息服务行业的落后现状，提高社会信用体系的建设水平，可以从以下几个方面入手。

7.3.1 加强电子政务网络安全建设

电子政务是依赖计算机和网络技术而存在的，不可避免地受到多种安全威胁[2]。由于信用信息涉及大量敏感的个人隐私和商业秘密，基于电子政务网络实现信用信息的采集、加工、存储、传递和应用更容

---

[1] 田洪，等. 我国征信业发展中面临的问题及政策建议[J]. 金融参考，2004(7).

[2] 甘小红. 电子政务网络安全风险与规避探讨[J]. 中国西部科技，2008(35):31-32.

易受到各种网络安全威胁。网络系统一旦受到攻击破坏，就会造成商业秘密和个人隐私泄漏，将产生难以估量和弥补的损失。因此，基于电子政务网络建设的社会信用体系对网络安全性的要求更高，在构建基础数据库之初就应该关注网络安全问题。一般来说，在社会信用体系建设过程中容易受到以下几种攻击或破坏：

(1)非法用户在未被授权的情况下对信用信息进行篡改或者窃取；

(2)病毒入侵造成信息丢失或者系统瘫痪；

(3)系统存在重大安全隐患或漏洞给入侵者以可乘之机。

针对这些网络安全威胁，征信机构可以从以下几个方面着手构建安全的电子政务网络共享平台：

(1)安装防火墙。防火墙处于网络安全体系中的最底层，属于网络层安全技术。网络防火墙技术是一种用来加强网络之间访问控制，防止外部用户以非法手段进入内部网络，非法访问或获取内部信息资源的网络设备。它通过对两个或多个网络之间传输的数据包按照一定的安全策略实施检查，以决定网络之间的通信是否被允许，并监视网络运行状态。

(2)采取用户授权访问、身份识别验证等安全管理策略。用户在查询个人信用信息时必须要提交真实有效的身份信息，并且提供合理和合法的使用目的说明。

(3)制定完善的安全管理制度。一方面，要明确从事信用信息采集、加工、传递等工作的部门及个人的权利和责任；另一方面，要制定网络突发事件应急预案，建立有效的数据备份和恢复机制，有效防御安全事故和最大程度地降低突发事件所造成的损失。

7.3.2 加强个人隐私权保护

隐私权问题是与信息公开相伴而生的，在允许信用信息公开的同时，也必须加强对个人隐私权的保护，尽可能地兼顾和均衡公共利益与个人利益。关于隐私权保护的模式，学者主要提出了两种主张：一种是采用财产权模式，一种是采用隐私权模式[1]。一些学者认为个人资料和私人领域属于个人自己，人们应当像拥有财产那样拥有自身信息，这样他们就可以控制与自身信息相关的各种行为，信息主体就可以与那些企图利用其信息的机构进行协商和谈判，并从中获得补偿。但该模式在实践中很难实现，因为对于数以亿计的信用信息在采集时必须对每一次信息的使用与个人逐一进行谈判，这对于征信机构来说显然是不可能做到的。隐私权模式兼顾个人利益和公共利益，它允许征信机构合法地采集个人信用信息并且不需要同个体进行谈判，而通过以下几种途径保护和尊重个人的隐私权：

(1)法律赋予个人知情权、异议权、修改权和申诉权；

(2)对信用信息的采集范围做出明确的限制，并且严禁采集种族、政治信仰、宗教、病历等歧视性信息；

(3)限定信用信息的使用范围，除几个法定的合理使用情况外，查询者需要经过被征信人的同意才能获得信用信息；

(4)当信息使用人以不良信用信息为由拒绝被征信人时，应当向被征信人说明原因，并将信用报告的生成机构及其联系方式告知被征信人；

(5)对于负面信息设置保存期限，过期的负面信息予以及时删除；

(6)征信机构在信用信息的采集、加工、存储和传递过程中都要采取保护措施，防止个人信用信息被窃取、篡改或泄漏。

目前，隐私权模式是世界各国普遍采取的较为有效地保护个人隐私的方式，而具体的保护措施各国略有差异。

7.3.3 重视征信标准化

没有规矩不成方圆，无标准可依的信用报告必将因缺乏权威性和可信度而变得毫无价值，社会信用体系的建设、征信机构的运作和征信行业的发展都需要实行标准化，我国在组建征信系统和发展社会信用体系时也需要特别关注标准化问题。首先，我国的信用信息严重分散，

[1] 齐爱民. 论个人资料[J]. 法学，2003(3)：38-42.

非银行信用信息包含居民身份信息、企业注册信息,纳税信息等二十多种,这些信用信息分散于公安、税务、工商、电信、社会养老、住房公积金中心、企事业单位、学校等三十多个部门。掌握信用信息的各个部门各自为政、条块分割,致使各类信用信息严重分散,缺乏统一的规划和管理。加之各个部门使用的软件千差万别,信息生产和存储的格式不一致,信息保存的完整程度存在较大差异,有相当一部分信息由于技术原因不能使用。其次,近年来各地纷纷进行信用体系建设,这些地方性信用工程同样也是各自为政,缺乏统一的规划和科学的论证,甚至有个别地方的信用建设还是欺上瞒下的“形象工程”。这造成了资源的巨大浪费,也形成了新的“信息孤岛”。最后,西方发达征信国家经历了百余年的发展历史,才形成了稳定的市场格局和完善的行业规范。市场经济发展的迫切需要,显然容不得我国的信用建设再经过百年的发展,而我国也没有必要再重复西方国家的老路和弯路。因此,我国在信用体系建设初期就要解决标准化问题。笔者认为,目前应该从以下两个方面入手尽快解决征信标准化问题:

(1)国家按照市场需求和现实国情合理规划征信市场布局。商业性与公共征信机构并存、互为补充,并以商业性的为主,向社会提供全方位的服务;全国性的与区域性的并存,在市场上公平竞争,优胜劣汰;专业征信机构与开展征信业务的机构并存,互有分工,推动信用信息的深化加工,扩大信息的新品种和使用范围。随着征信业务的发展,将会逐步形成以几个征信机构为主干,众多的区域、行业的商业性、公共征信机构和开展征信业务的机构并存的相互补充、公平竞争的机构体系❶。

(2)尽快出台统一的征信标准和规范,对信用信息管理的整个过程加以有效的规范和控制。我国目前处于个人征信体系的起步阶段,基础信用数据的采集、加工和查询使用各项工作都需要全国统一的指导标准和法律规范。如果各地方组织或者私人公司分别按照自己的采

---

❶ 梁明高.关于建立中国征信体系几个基本问题的思考[J].广西金融研究,2002(11):4-6.

集标准和评分方法建立自己的信用信息管理系统，那么不但会出现信用信息服务市场的混乱，例如生成的信用报告不规范或者缺乏可信度，某些征信机构弄虚作假等问题，而且将形成诸多新的“信息孤岛”，阻碍日后全国范围内信用管理查询系统的整合利用。

事实上，资信评级指标体系和评级标准的共性与个性之间存在矛盾。统一的评级指标体系和评级标准有利于提高外部评级的一致性与权威性，但压抑资信评级机构的创新动力，也不利于资信评级市场的细分和深化；个性有利于激发评级机构的创新动力，合理确定市场定位，促进资源的优化配置，但评级结果的一致性差，可利用价值低，外部评级的准确性和权威性受到质疑。最佳的评级指标体系和评级标准应该在共性与个性之间寻找一个均衡。当前，资信评级机构的评级指标体系个性太强、共性不足。评级机构的指标体系各不相同、评级标准差别很大，造成评级报告参差不齐，同一企业可能会被评为不同的级别，同一评级公司的评级标准存在普遍较高或较低的问题，金融机构无法甄别评级报告的合理性，外部评级的可利用价值很低。不解决好共性与个性的矛盾，征信业的发展便没有生命力。

7.3.4 政府合理定位

政府在征信体系建设中的地位是特殊的，也是不可替代的，尤其是在基于电子政务实现信用信息开发与利用的过程中，政府处于主导地位，政府的越位和缺位都不利于征信工作的开展，因此政府必须根据本国国情和信用发展所处的阶段合理地为自身定位。英美发达征信国家的信用建设已经非常完善，政府主要处于监管和执法地位。而我国的信用建设刚刚起步，社会信用体系尚未建立，政府在信用建设中处于主导地位。我国政府部门不仅是信用信息的最大生产者、管理者和使用者，而且在党政统一的领导体制之下，我国政府拥有较强的行政动员和调控能力，直接担负着建设和维护社会信用体系的职责。政府在信用建设中的具体职责可以简单归纳为以下几点：

(1)制定相关的政策法规，并负责解释和执行；

(2)征信活动需要各类部门的积极配合，政府负责协调各方利益，必要时采用强制措施保证信息的充分公开和共享；

(3)对各类征信机构和整个信用服务市场进行监管；

(4)筹集资金，保证大规模的基础信用信息数据库的开发；

(5)现代信用文化的普及教育和公民信用意识的培养。

尽管社会信用体系建立初期政府处于主导作用，但政府的深度介入不利于征信行业长期稳定的发展，随着我国征信行业的发展和社会信用体系的完善，国家应该逐步减少对征信机构和征信行业的直接干预，淡化其建设者的地位，而强化其监管职能，尤其要平衡公共征信机构与私立征信机构的利益关系。据一项对 29 个国家的实证分析，政府行政权利的限制和司法的独立程度与国民的信任度之间表现为高度的正相关：对政府权利限制每上升 1 个百分点，信任度上升 1.5 个百分点；司法的独立程度每上升 1 个百分点，信任度上升 8 个百分点[1]。

另外，有学者认为政府的权力天然大于企业和个人，政府的权力越大，它的不可信程度越高。因此，笔者认为，我国应该尽快成立一个由国务院领导，并且独立于现有政府职能之外的权威的信用监管机构，对信用信息的开发利用和整个社会信用体系建设进行统一的规划、协调和管理。我国正处于经济转轨过程中，政府在政治、经济和文化生活中都居于关键位置，政府信用构成整个社会信用的根基。政府信用对企业、个人和社会信用具有引导作用，各级政府应当首先成为责任政府，信用政府，为民用权，为民立信，言必行，行必果，取信于民[2]。政府应该成为企业和个人的信用表率，以政府信用带动企业和个人信用乃至整个信用体系的建设。

---

[1] 曹钢. 产权经济学新论——产权效用、形式、配置[M]. 北京：经济科学出版社，2001.

[2] 谭中明. 社会信用管理体系——理论、模式、体制与机制[M]. 合肥：中国科学技术大学出版社，2005.

结束语

市场经济从某种意义上讲是信用经济,良好的社会信用环境是市场经济的基本要求。信用是一切制度和规则得以确立和运作的基础,是良好的经济秩序和社会秩序的根基,是一切文明的立足点,是经济社会持续健康发展的基石。离开了信用,市场经济就寸步难行。社会信用体系是现代市场经济发展的必要条件,也是规范市场经济秩序的治本之策。增强全社会的信用意识,建立健全社会信用体系,是完善社会主义市场经济体制的基本要求。因此,在进一步完善市场体系的过程中,必须重视社会信用制度的建设。中共十六届三中全会通过的《中共中央关于完善社会主义市场经济体制若干问题的决定》高度评价了建立健全社会信用体系在完善市场体系中的作用,并强调要形成以道德为支撑、产权为基础、法律为保障的社会信用制度。在市场经济条件下,社会信用体系是由一系列与信用有关相互联系、相互促进又相互影响的信用道德文化、相关法律法规、制度规范、组织形式、技术手段、运作工具和运作方式而构成的综合系统。

社会信用体系建设是一项宏大的社会系统工程,也是一项长期复杂的任务。在方法步骤上,应当坚持政府推动,市场化运作,全社会广泛参与;坚持总体规划,精心试点,统筹协调,分层推进,分步实施;坚持诚信宣传教育与信用制度建设并重;坚持采用先进的信息化手段和统一的信用信息标准;坚持培育社会信用市场需求、促进商业性信用服务行业发展与加强信用监管相结合。社会信用体系建设不仅要实现信用信息共享,还要达到以下几个目标:全社会诚实守信的道德水准、企业的信用管理水平和政府部门的公信力显著提高;信用管理方面主要的法律法规、信用制度基本形成;社会信用服务行业有较大的发展,信用服务需求明显扩大;对偷逃税款、恶意合同违约、故意拖欠债务、商业欺诈、假冒伪劣等行为形成有效的社会联防和制约惩戒机制,面向企业和个人、覆盖经济社会生活主要方面的社会信用体系初步建立，市场经济秩序明显好转。

本书重点对公共信用信息的整合和共享问题进行深入的研究与论述。众所周知，我国的社会信用体系建设起步较晚，而从另外一个角度来看，这恰恰也成为了一大优势，因为信用体系起步之时我国的电子政务已初具规模，电子政务建设成果为信用体系建设提供了网络设施、信息公开环境、信息政策、公众信息能力和意识等基础条件。在目前电子政务环境之下，我国的社会信用体系能够实现跨越式发展，而无须再像西方征信国家那样经历百余年的发展历史。在此思想的指导之下，本书以信息管理学的专业知识和研究视角提出了基于电子政务信息资源共享建立社会信用体系的理论构想，并以湖南省电子政务外网平台及信用信息系统为例证实了该理论构想具有较高的可行性，能够实现电子政务和社会信用体系共同发展与相互推动，是一种适合我国国情的起点高、成本低、见效快的发展模式。

本书主要完成了以下几个研究目标：

(1)分析了电子政务与社会信用体系建设的互动关系。

(2)征信模式选择问题。对比分析了目前世界上三种主要的征信模式，并结合我国的现实国情和信用体系建设的现状，提出适合我国信用体系建设和信用行业发展的征信模式。

(3)如何基于电子政务信息资源共享构建我国的社会信用体系问题。这是本书研究的核心，笔者主要从信用信息管理、保障机制、环境建设三个层次构建社会信用体系。

(4)对信用信息档案建设的现状、存在问题和提供利用的策略进行了分析。

(5)分析了我国社会信用体系的建设现状、目前仍然存在的问题以及下一步的改进措施。在本书研究中，笔者大量地参考借鉴了发达征信国家的经验，并坚持与国内现实国情相结合。

总之，本书基本上完成了预定的研究目标。

在撰写本书的几年时间里，笔者欣慰地发现社会信用体系建设问题已经开始引起越来越多的关注，研究者和研究成果数量都在急剧增加。综观有关信用问题研究的发展脉络，笔者大胆推测有关信用问题的未来研究重点将集中在以下几个方面：

(1)自动化工具和模型的设计与开发。

电子政务网络下的个人信用信息开发利用必然要突破手工操作，信息的采集、过滤、评级、存储和传递都要凭借现代化的信息工具自动完成，否则根本无力应对海量的信用信息。因此，需要一些专家学者致力于相关的自动化工具、模型、算法、技术等的开发和设计。

(2)个人隐私权保护。

隐私权保护和信息公开是相伴而生的，个人信用信息也不例外，仍然需要在公开与保护这对矛盾中寻找相对的稳定和平衡，尽可能地兼顾个人利益和公共利益。由于信用信息尤其是负面信息涉及更多的敏感内容，因此个人信用信息的隐私权保护问题也更为迫切和复杂。如何权衡公开和保护，兼顾个人利益和公共利益，这确实值得广大的专家学者深入思考与研究。

(3)信用立法。

信用信息的采集、加工、传递、监管无论哪个阶段、哪个环节都离不开法律规范的指导和保障，但目前我国在信用立法方面基本上还是空白。法律的缺失使得征信机构信息采集难度大、信息加工不规范、信息应用范围狭窄，已经成为整个征信行业发展的"瓶颈"。事实上，由中央银行个人信用信息基础数据库和上海资信有限公司我们就可以看到，两个征信系统依然处于政府的庇护之下，否则，根本无力进行大规模的信息采集，而在信用报告的公开范围方面，两个系统都是十分保守的。因此，在今后较长一段时期，信用立法问题会一直是个人信用信息开发利用乃至整个社会信用体系建设的难点和重点。

(4)征信机构的管理和经营问题。

如何鼓励私营征信机构介入信用信息服务，公共征信机构怎样才能实现盈利并获得长期的发展，如何协调公共征信机构与私营征信机构之间的利益关系，如何才能形成公共征信机构和私营征信机构竞争共处的市场格局，随着我国征信行业的发展，这些问题将会把有关信用问题的研究推向高潮。

以上这些问题也正是我们在后续研究中应当关注的内容。在收集和参阅了大量文献资料之后，笔者更加感觉到社会信用体系确实是一项规模浩大的系统工程，涉及方方面面的问题。在研究过程中发现，新的研究思想和研究成果层出不穷，尽管笔者尽力消化吸收了更多的内容，也曾试图触及更深层次的问题，但终究是不够深入和全面，文中也不免会有多处错谬之处，敬请各位专家学者批评指正。

参考文献

[1] 刘焕成. 电子政务与社会信用体系建设[J]. 情报科学,2004(4).

[2] 王建明. 我国基础信用信息共享机制的问题及对策[J]. 情报杂志,2004(5).

[3] 张丽红. 信用信息共享的国际经验分析[J]. 广东经济,2006(3).

[4] 靳云汇,刘建民. 从源头减少风险——信用信息共享制度的国际比较[J]. 国家贸易,2003(10).

[5] 胡小明. 电子政务呼唤效益研究[J]. 电子商务,2002(7).

[6] 刘焕成. 电子政务信息资源开发策略研究[J]. 图书情报知识,2005(2).

[7] 刘焕成,孙晓玲. 电子政务信息资源开发中的知识管理与信息共享[J]. 情报科学,2006(11).

[8] 丁韶年. 电子政务中的社会信用体系建设[J]. 中国创业投资与高科技,2003(6).

[9] 刘焕成. 基于电子政务的社会信用体系建设[J]. 科学学与科学技术管理,2003(8).

[10] 张伟. 我国信用体系建设的对策研究[J]. 黑龙江社会科学,2000(3).

[11] 宋茜. 中国信用制度建设的现状和模式选择[J]. 华东经济管理,2004(2).

[12] 沈益昌. 我国个人征信体系建设存在的问题及对策建议[J]. 福建金融,2006(4).

[13] 韩兵. 电子政务突破三重门[J]. 电子商务,2006(3).

[14] 东方网. 中央银行发布企业和个人信用信息基础数据库简介[EB/OL]. [2009-08-03]. http://finance.eastday.com/eastday/finance/node77285/node77756/node113264/userobject1ai1802285.html.

[15] 新浪网. 产权是社会信用制度的基础[EB/OL]. [2009-08-01]. http://news.sina.com.cn/c/2003-11-18/07131136993s.shtml.

[16] 新浪网. 产权是市场信用制度的基础[EB/OL]. [2009-08-01]. http://finance.sina.com.cn/roll/20040102/0818586896.shtml.

[17] 国门时报. 北京市借社会信用体系建设促信息资源共享[EB/OL]. [2009-03-08]. http://www.kfcredit.gov.cn/show.aspx? id=497&cid=22.

[18] 信用中国. 建立信用信息共享机制意义重大[EB/OL]. [2006-04-20]. http://www.smelz.gov.cn/news/83633.htm.

[19] 张绪群. 构建湖南信用信息系统　推进信用体系建设[EB/OL]. [2007-11-02]. http://www.e-gov.org.cn/ziliaoku/news001/200711/77163.html.

[20] 刘焕成. 电子政务信息资源管理[M]. 香港:天马图书有限公司,2003.
[21] 马占芳,符晓波. 现代信用简论[M]. 北京:中国社会科学出版社,2004.
[22] 龙西安. 个人信用、征信与法[M]. 北京:中国金融出版社,2004.
[23] 玛丽 · S · 谢弗. 信用、收款和应收账款精要[M]. 北京:中国人民大学出版社,2004.
[24] 玛格丽特 · 米勒. 征信体系和国际经济[M]. 北京:中国金融出版社,2004.
[25] 林钧跃. 社会信用体系原理[M]. 北京:中国方正出版社,2003.
[26] 国家经贸委青年理论研究会"社会信用体系建设"课题组. 中国社会信用体系建设——理论、实践、政策、借鉴[M]. 北京:机械工业出版社,2002.
[27] 王小亦,等. 世界部分国家征信系统概述[M]. 北京:经济科学出版社,2002.
[28] 喻敬明,林钧跃,等. 国家信用管理体系[M]. 北京:社会科学文献出版社,2000.
[29] 李晓红. 社会信用体系建设与电子政务[D]. 成都:电子科技大学,2006.
[30] 张周. 信用信息共享和中国征信模式选择研究[D]. 上海:复旦大学,2003.
[31] 卢波. 我国社会信用体系建设中存在的问题及建议[D]. 北京:首都经济贸易大学,2005.
[32] 新浪财经纵横. 北京企业信用信息系统开通 820 家进"黑名单"[EB/OL]. [2010-05-10]. http://finance. sina. com. cn/g/20030715/1015369584. shtml.
[33] 江苏省政府网. 全省公共信用信息系统建设情况新闻发布会实录[EB/OL]. [2010-07-01]. http://www. jiangsu. gov. cn/tmzf/szfxwfbh/xwfbhsl/200901/t20090115_299389. html.
[34] 中国人民银行. 征信管理局网页[EB/OL]. [2011-10-13]. http://www. pbc. gov. cn/publish/zhengxinguanliju/441/index. html.
[35] 交通部网站. 全国公路建设市场信用信息管理系统[EB/OL]. [2010-09-18]. http://219. 143. 235. 17/BM_Foreground/ForegroundMain. aspx.
[36] 云南信用评估网. 美国信用体系考察报告[EB/OL]. [2010-09-10]. http://www. yndcxy. cn/Article_Show. asp? ArticleID = 180.
[37] 东北网. 美国垄断国际评级市场,谁来掌控中国信用评估?[EB/OL]. [2010-09-29]. http://commerce. dbw. cn/system/2010/07/01/000252318. shtml.
[38] 中国电子口岸. 在美国五项内容评估信用等级[EB/OL]. [2010-11-01]. http://www. chinaport. gov. cn/info/view. do? id = 11188923460001.
[39] 中美商贸文化直通车. 美国信用评价基本情况介绍[EB/OL]. [2010-09-10]. http://www. sino2usa. com/credit/basic. php.

[40] 百度百科. 征信管理条例[EB/OL]. [2010-08-10]. http://baike. baidu. com/view/2884782. htm.

[41] 联合东方诚信(北京)数据管理中心. 全国诚信保真查询系统[EB/OL]. [2010-07-19]. http://www. 16831522. com/index. php.

[42] 谭中明. 社会信用管理体系——理论、模式、体制与机制[M]. 合肥:中国科学技术大学出版社,2005.

[43] 中国互联网信息中心. CNNIC 发布《第 26 次中国互联网络发展状况统计报告》[EB/OL]. [2010-09-27]. http://research. cnnic. cn/html/1279173730d2350_1. html.

[44] 360 网站. 关于 360[EB/OL]. [2010-11-25]. http://www. 360. cn/about/index. html.

[45] 华生论坛. 360 VS QQ 已出最终结果[EB/OL]. [2010-11-20]. http://bbs. voc. com. cn/topic-2707033-1-1. html.

[46] 电子商务专业实践网. 如何建设电子商务的信用体系[EB/OL]. [2010-09-10]. http://www. zk365. com/xypd/dsdt/645. asp.

[47] 百度文库. 电子商务全解[EB/OL]. [2010-09-12]. http://wenku. baidu. com/view/18d31807e87101f69e319592. html.

[48] Robert Schmitt. Technology and quality credit information: making sound credit decisions based on knowledge and wisdom[J]. Business Credit,2002(1).

[49] Lee, Michael J, Schneider, et al. Give us some credit: the use of credit information in insurance underwriting and rating[J]. Risk Management & Insurance Review,2005,8.

[50] Williams, Martin. Evolution of credit information in the USA and UK[J]. Credit Control, 2005,26(1):27-29.

[51] Diana, Tom. NACM: the one-stop credit information source[J]. Business Credit,2006, 108(3):10-12.

[52] Meder, Dan. The truth behind the magic: the secrets of using consumer and commercial credit information in targeting small business risk[J]. Business Credit, 2005,107(6):44-45.

[53] Ferretti, Federico. The regulation of consumer credit information systems: a lesson from Italy? [J]. European Business Law Review, 2006,17(5):1421-1440.

[54] Thomas Gehrig, Rune Stenbacka. Information sharing and lending market competition with switching costs and poaching[J]. European Economic Review,2007,

51(1):77-99.
[55] Simeon Djankov, Caralee McLiesh, Andrei Shleifer. Private credit in 129 countries[J]. Journal of Financial Economics,2007,84(2):299-329.
[56] Jarl G Kallberg, Gregory F Udell. The value of private sector business credit information sharing: the US case[J]. Journal of Banking & Finance,2003,27(3): 449-469.
[57] Tullio Jappelli, Marco Pagano. Information sharing, lending and defaults: cross-country evidence[J]. Journal of Banking & Finance,2002,26(10):2017-2045.
[58] Jeanette J Fisher. Who sell your personal credit information[EB/OL]. [2010-01-10]. http://www. yesize. com/articlereader/Who-Sells-Your-Personal-Credit-Information? /62661.
[59] Yesize. Credit report: is yours accurate and telling the truth about you? [EB/OL]. [2010-06-10]. http://www. yesize. com/articlereader/Credit-Reports:-Is-Yours-Accurate-And-Telling-The-Truth-About-You? /62627.
[60] Experian. Online personal credit reports[EB/OL]. [2010-07-10]. http://www. experian. com/privacy/online_credit_reports. html.
[61] True credit by Trans Union. Terms of use[EB/OL]. [2010-08-09]. http:// www. truecredit. com/policy/terms of use. jsp.
[62] BCP. Sharing your personal information: it's your choice[EB/OL]. [2010-10-07]. http://www. ftc. gov/privacy/protect. shtm.
[63] MPRA. Information sharing in credit markets: incentives for incorrect information reporting[EB/OL]. [2010-06-10]. http://www. ftc. gov/privacy/protect. shtm.